科学的诞生

[意] 卡洛·罗韦利 著 张卫彤 译

湖南科学技术出版社 博集天卷 CS-BOOKY

目录
Contents

人们说，米利都的阿那克西曼德是第一个打开自然界大门的人。

——老普林尼《自然史》

　　天空在上，大地在下，所有的人类文明都曾经认为世界是这样构成的（图1左）。大地之下，还有无穷无尽的泥土作为支撑，使之免于塌陷。在一些亚洲神话中，一只站在大象背上的巨龟支撑着大地。《圣经》中则说是许多巨型柱子在支撑大地。古埃及文明、中华文明、玛雅文明、古印度文明、撒哈拉以南的非洲文明、希伯来文明、美洲的印第安文明、古巴比伦文明，乃至我们能寻到踪迹的其他文明，都曾经认为世界的形象就是如此。

　　只有一个例外：古希腊文明。在古典时代，希腊人认为地球就像是一颗悬在空间中的石子（图1右），大地之下，既没有无穷无尽的泥土，也没有巨龟和柱子，只有高高在上的天空，就和我们今天看到的一样。希腊人是如何发现地球是悬浮在一个空间中的呢？天空如何在我们脚下延伸？谁知道答案？他又是如何知道的？

有人跨出了这伟大的一步，他就是本书的主角——阿那克西曼德。二十六个世纪前，阿那克西曼德出生于古希腊城邦米利都，位于现今的土耳其西海岸。毋庸置疑，仅仅这一个发现，就足以让他成为思想的巨人，但他留下的遗产却远不止于此。阿那克西曼德为物理学、地理学、气象研究以及生物学都开辟了道路。除了这些巨大的贡献之外，他还开启了重新思考我们的世界观的过程：在质疑各种显而易见的确定性的基础上探索知识。由此看来，阿那克西曼德无疑是科学思想的奠基人之一。

图1　阿那克西曼德之前和之后的世界

这种思考方式的本质正是本书的第二个主题。首先，科学就是对思考世界的新方式进行的热切探索。科学的力量不在于它提供的确定性，而在于它让我们意识到自己的无知。正是这种意识让我们不断质疑我们自以为已经了解的一切，也激励我们不断学习。确定性无法为探索知识提供动力，恰恰相反，正是确定性的绝对缺席才让知识的探索永无止境。

科学的思想是流动的，它处于永恒的变革之中，拥有强大的力量和玄妙的魔力：能够颠覆世界的秩序和规则，让我们重新审视这个世界。科学思想具有的发展性和颠覆性与其实证主义的表现截然不同，也不同于一些现代哲学思想对它僵化生硬，甚至片面的认识。在这本书中，我想要展现出来的，正是科学思想的这种批判、不屈于权威、无止境地重新认识世界的能力。

如果"重新认识世界"是科学研究的主要方面，那么我们就不应该在牛顿定律、伽利略先驱式的科学探索和亚历山大学派最先提出的数学模型中寻找这场冒险的源头。这场冒险要追溯到更早的时候，其起源可以被视作人类历史上第一次"科学大革命"，也就是"阿那克西曼德科学革命"。

⁜

然而，在科学思想史中，阿那克西曼德的重要性被严重低估了。[1]这种情况的出现有多种原因。在古代，他

1　这种情况正在改变。近期有不少研究都聚焦于本书的主题。丹尼尔·格雷厄姆（Daniel Graham）在一本近期出版的、关于爱奥尼亚哲学的书中得出了几乎相同的结论。在《文本中的阿那克西曼德》（*Anaximander in context*）这本论文集的前言中，我们可以读到这样的文字："我们确信阿那克西曼德是历史上最伟大的思想者之一，但是我们认为现存的研究并未充分反映出这一事实。"迪尔克·库普里（Dirk Couprie）曾经深入研究过阿那克西曼德的宇宙论，他总结道："毫无疑问，我认为阿那克西曼德和牛顿一样伟大。"——作者注

提出的科学方法论尚未取得像如今一样丰硕的成果，中间经历了漫长的成熟过程和多次路线上的改变。尽管有一些对科学更加敏锐的学者——比如本书开头提到的老普林尼——对阿那克西曼德表示认可，但阿那克西曼德还是常常被看作某种不确定的自然主义研究方式的谄媚者，这种研究方式被很多文化流派轮番攻击。其中就包括我们熟知的亚里士多德。

如果说阿那克西曼德的思想如今仍然少有人知，也未被透彻理解，首要原因便是现代社会对硬科学[1]和人文科学的有害的二分法。当我评估一位生活在二十六个世纪以前的思想家的重要性时，我的科学背景让我自然而然地想到从科学的角度切入。但我相信，对阿那克西曼德的思考，当下还有来自另一种视角的解读。对很多历史、哲学背景的学者来说，要衡量这些和科学密切相关的贡献所产生的影响是很困难的。我在前面的脚注中提到了一些作者，即使他们欣然承认阿那克西曼德的思想是伟大的，却仍然难以深入理解他在某些方面的贡献产生的影响。而我希望在这本书中展现的，正是阿那克西曼德的这种影响力。

所以，我并不是以一个历史学家的眼光，也不是以

---

1 硬科学（Hard Science），基本上是指自然科学，如生物学、化学、物理学等。——如无特别说明，本书脚注均为编者注

一个希腊哲学研究专家的眼光来评价阿那克西曼德，而是站在一个当代科学家的立场上来研究他的，思考他的科学思想的本质，以及他的思想在人类文明发展中起到的作用。和大部分研究阿那克西曼德的学者相反，我的目的不是一成不变地重建他的思想和他设想的宇宙。为了更深入地了解他的思想，我参考了一些古希腊研究学者和历史学家的权威著作，比如查尔斯·卡恩（Charles Kahn）、马塞尔·孔什（Marcel Conche），还有时间更近一些的迪尔克·库普里的作品。我也不是想要更改或完善这些学者通过重建他的思想而总结出的结论，我只是希望能展现出阿那克西曼德科学思想的深度，以及他的思想在知识发展中扮演的角色。

✧

就像古希腊科学思想的其他方面一样，阿那克西曼德的思想被低估的第二个原因在于人们对科学思想的某些主要方面并不理解，这种情况微妙又普遍。

在19世纪，经典科学被赞颂为对世界的全知全解，而今天，这种信仰已然崩塌。造成这种情况的首要因素是20世纪的物理学革命。这次物理学革命揭示了：虽然牛顿物理学起到了巨大作用，但严格来说，它是错的。我们可以看到大部分后来的科学哲学流派都试图在这种空白状态下重新定义科学的本质。

某些流派致力于为科学寻找确定的基础，例如将科学理论的能力限制在预测数字或预测一些可观察和可验证的现象上。在其他研究角度下，科学理论被或多或少地看作具有任意性的心智建构，除了它们最具实际效用的结论之外，这些理论不能够直接相互比照，也不能跟世界比照。用这样的方式进行分析，我们会忽视科学知识的质性面和累积效应，而这些不仅关乎错综复杂的纯数据，更关乎科学的灵魂和存在的合理性。

在另一个极端上，部分现代文化彻底否定了科学知识的价值，导致了反科学主义的蔓延。20世纪后，科学思想表现出许多不确定性，逐渐成为被质疑的对象。各种形式的非理性主义盛行于公众舆论和文化圈，这些非理性主义沉浸在虚无中（人们曾经幻想科学能够给世界一个确定的形象，而幻想破灭后，便产生了这种虚无），害怕接受人类的无知，认为即使是错误的确定也比不确定要好。

但这种不确定并非弱点，它恰恰就是科学力量的秘诀，它包含了求知欲、反叛精神和行动力。如果科学给出的答案确定而且绝对，答案反而变得不可信了。只有当答案是我们在一定历史时期内能找到的最优答案时，它才是可信的。正是因为我们不把答案视为绝对，它才能够不断优化和改善。

由此看来，正如我们认为的那样，牛顿物理学统治科学的三个世纪并不能完全融入"科学"，而更像一个巨大成功阴影下的一段休憩时光。爱因斯坦质疑牛顿物理学，但是他并未质疑人类更好地理解世界运转方式的可能性。相反，他重新上路，沿着麦克斯韦、牛顿、哥白尼、托勒密、希帕克斯和阿那克西曼德的道路，不断探索我们对世界的认知基础，加深我们对世界的认识。

这些科学家跨出的每一步与其他数不胜数的每一小步一样，深刻地影响了我们对世界形象的认知，有时甚至改变了世界形象这一概念的意义。这些改变并不是任意的，它们是在无穷无尽的物质中环环相扣的齿轮，一个接一个地闪耀着。每一步都向我们揭示出一个新的真相，让我们更好地理解世界。而寻找错综复杂的事物的尽头，方法论和哲学意义上固定不变的点，就违背了科学的发展性和批判性的内在本质。

对世界所知甚少就宣称了解世界的运行方式，这种行为顶多算是过于天真；可如果因为明天我们会多掌握一些知识就轻视今天所知的一切，这种行为就是愚蠢至极的。一张地图不会仅仅因为之后会有一张更精确的地图出现就丧失它的认知价值。我们为了纠正错误而走出的每一步都让我们了解得更多、看得更远。人类在一条通向知识的路上前进，这条道路或许和某些自认为掌握真理的人所信奉的确定性相距甚远，但并不代表它像部分现代思潮认为的那样缺乏分辨对错的能力。这也正是我想要在本书的最后部分陈述的观点。

从更广阔的意义来看，回归对自然的理性思考的古老根源是一种方法，这种方法能把我认为的这种理性思考的核心特征展现出来。探讨阿那克西曼德也是在思考爱因斯坦科学革命的意义，作为一名物理学家和量子引力研究专家，这场革命带来的影响也是我的研究内容。

量子引力是一个开放性问题，也是现代物理学的中心问题。为了解决它，可能需要从深层改变我们对时间和空间的认识。人们曾认为世界是一个密闭的盒子，天空和大地分别封住盒子的上面和下面，阿那克西曼德改变了对世界的这种认识，将世界的形象转变为一个开放的空间，地球则漂浮在这个空间之中。尽管这些转变非常不可思议，但只有当我们意识到这些对世界认识的转变是如何成为可能，又为什么"正确"时，我们才能面对挑战，这个挑战就是，理解引力的量子化需要的时间和空间概念的转变。

✛

最后，这本书还贯串着一趟更艰难的旅程，确切地说，是一趟问题多于答案的旅程。探究对自然的理性思考在古代的第一次表现，这必然引发我们对更早出现的认知本质的思考，二者如今仍然呈现出对立之姿。这种理性思考来源于这种认知，又与之不同，并且一再反叛，二者的关系正是如此。

用老普林尼的话说，阿那克西曼德打开了"自然的大门"，实际上他开启了一场巨大的冲突：两种完全不同的认识之间的冲突。第一种是对世界的新认识，建立在求知欲、改变和反对确定性的基础之上。第二种则是占统治地位的思想，它带有宗教神秘主义的性质，在很大程度上建立在不容讨论的确定性之上。这种冲突一直存在于人类文明史中，一方的成功伴随着另一方的失败，延续了一个又一个世纪。

之后，两种对立思想似乎找到了和平相处的模式，在经历了一段和平时期后，今天，这场冲突似乎又重新开始了。无数来自不同政治和文化派别的声音重新宣扬起非理性主义和宗教至上的思想。现在，这场大潮已经淹没了美国、印度、意大利这些国情各异的国家。虽然法国并未完全受到这场大潮的影响，但是，公众对理性思想的信赖已经遭到破坏，法国也无法逃离宗教的回归，我们在世界的其他国家也已经发现这种迹象。

实证思想和宗教神秘主义思想的新一次对抗让我们想到了启蒙时代的论战。想要再一次弄清其中的利害，只回归到十年前或四个世纪前可能是不够的。这需要进行更加深入的对比，时间的维度应该是千年而不是世纪，可能还需要厘清人类文明缓慢的发展历程及其概念、社会和政治组织的深层结构。这些主题如此宏大，除了揭示出这些问题，寻找思想的开端，我也不能多做些什么，但这些正是我们的世界和未来的中心主题。这场冲突的不确定的结果决定了我们的生活和人类的命运。

✥

我也不想过高地评价阿那克西曼德，实际上我们对他知之甚少。但是，在二十六个世纪以前的爱奥尼亚海岸，有个人开创了一条认知的新途径，于人类而言，这是一条崭新的道路。浓雾遮盖了公元前6世纪，我们对阿那克西曼德知之甚少，以至于不能确定是否可以将这场浩大的革命归因于他。但是，好奇心和行动思想确确实实诞生了。阿那克西曼德是不是唯一的发起人，还是仅仅是一个代表着古老的革命源头的名字，实际上已经不那么重要了。

我想要谈论的正是这场二十六个世纪以前发生在土耳其海岸的非凡革命，以及这场革命引发的、延续至今的冲突。

致谢——

感谢法比奥·索索向我传递他对古代科学的热情。感谢阿那克西曼德研究专家迪尔克·库普里，他认真地阅读了这些文字，并纠正了其中的错误。还要感谢我的父母。需要感谢的人还有很多。

第一章

公元前 6 世纪

The Sixth Century B.C.E.

1　世界概况

公元前610年，米利都的阿那克西曼德出生，此时距离古希腊文明的黄金时代——伯里克利和柏拉图的时代还有两百年。

据考证，罗马正处在老塔奎尼乌斯（Tarquin the Elder）[1]的统治之下。几乎在同一时期，凯尔特人建立了米兰，从爱奥尼亚迁徙而来的古希腊移民建立了马赛。在两个世纪前，荷马（或其他人[2]）写出了《伊利亚特》，赫西俄德写出了《工作与时日》。然而，其他古希腊大诗人、哲学家和剧作家们在那时还鲜有创作。在靠近米利都的莱斯沃斯岛上，年轻的萨福（Sappho）[3]如盛开的花朵般声名远播。

在雅典，严酷的《德拉古法典》正大行其道。此时，梭

1　即卢修斯·塔克文·普里斯库斯（Lucius Tarquinius Priscus），也称老塔克文，传为罗马王政时代第五位国王，约前616年—前579年在位。

2　《荷马史诗》是否为诗人荷马所写，荷马是否确有其人，仍然存在争议。

3　萨福（约前610—前580），古希腊著名女抒情诗人。

伦（Solon）[1]出生了，后来他撰写了第一部融入民主元素的法典。

　　地中海一带已经不是原始野蛮的世界，相反，人们至少已在城市生活了一万年。正处于古王国时期的古埃及已经存在了两千多年，这段时期相当长，几乎等同于我们和阿那克西曼德所处时代的差距。

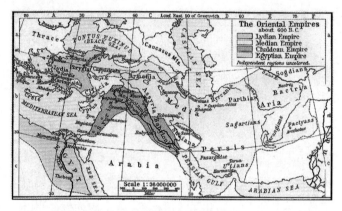

图2　公元前600年左右的中东帝国[2]

　　阿那克西曼德出生在尼尼微陷落两年之后。这座城的消亡是一个历史大事件，标志着野蛮的亚述帝国力量的终结。十多个世纪以前曾居世界之首、如今拥有二十万人口的巴比伦城再次成为世界上最大的城市。攻占尼尼微的胜

1　梭伦（约前638—约前559），古希腊时期雅典城邦著名的改革家、政治家。梭伦改革对雅典民主政治具有重要的意义。

2　本书地图插图系外版书原图。

利者——那波勃来萨（Nobopolassar）[1]统治了巴比伦，但这次辉煌重演仅仅是昙花一现。在东面，新巴比伦受到正在兴起的波斯帝国的威胁，其统治者居鲁士大帝即将控制美索不达米亚地区。埃及第二十六王朝第一位法老普萨美提克一世（Psammetichos Ⅰ）[2]将在这一年结束他漫长的统治，他曾让古埃及从濒临灭亡的亚述帝国中重新独立出来，走向繁荣。通过招募大量希腊雇佣军进入军队，鼓励古希腊人来古埃及定居，普萨美提克一世和古希腊建立起了紧密的联系。米利都因此在古埃及拥有了一座繁荣的交流城市——瑙克拉提斯，这也意味着阿那克西曼德能够接触到有关古埃及文化的第一手资料。

耶路撒冷正处在大卫后裔——约西亚（Josiah）[3]的统治之下。当时亚述帝国式微，新巴比伦还不够强大，他利用世界局势的变化，通过推行对耶和华的绝对信仰来重新显示耶路撒冷的荣耀。他废除了对异教神的崇拜，比如巴力（Baal）、亚舍拉（Asterah），烧毁邱坛[4]，屠杀在世的异

---

1 那波勃来萨（前626—前605），新巴比伦王国的开国君主，前612年与米堤亚联合攻陷都城尼尼微，前605年灭亚述帝国。

2 普萨美提克一世，古埃及法老，约前664年—约前610年在位，埃及第二十六王朝的建立者。

3 古代中东国家犹大王国的第十六任君主，约前640年—前609年在位。

4 巴力，古代迦南人信奉的丰饶之神；亚舍拉，与巴力对应的掌管生育繁殖的女神；邱坛为古代迦南人给异神献祭的坛，为耶和华所憎恶。

教祭司，挖出死去祭司的骨骸[1]，在祭台上焚烧。对其他宗教来说，当约西亚取得成功时，他的行为已经具有了一神论的特征。在阿那克西曼德去世前，希伯来人又一次战败，被流放到巴比伦。在那里，他们再一次经历被奴役的悲惨命运。最后，他们终于从囚禁中得到解放，就像很多个世纪以前，摩西曾带领他们逃出埃及一样。

这些事件极有可能在米利都引起了反响，而发生在其他大陆上的事件可能很少会传到小亚细亚。此时，欧洲已经从青铜时代进入了铁器时代；在美洲，古老的奥尔梅克文明[2]日渐衰落；在印度西北部，印度列国时代的各国君主统治不断更迭，耆那教[3]创立者、和阿那克西曼德同时代的筏驮摩那（Vardhamana）[4]提出了不伤害任何生物的非暴力思想。西方的印欧人已经开始关注如何思考世界，东方的印欧人则关注如何更好地生活……

东周的第八位皇帝——周匡王才登上皇位不久。中国正处于春秋时期，君主权力分散，诸侯混战。但这一时期文化也显现出活力和多样性，这是之后的中国长时间丧失的东西。可能正是这种失去换来了中国内部的稳定，虽然并不完

1　《圣经·列王记下》，23:4，及其后续相关内容。——作者注

2　奥尔梅克文明是已知的最古老的美洲文明之一，存在于中美洲，约从公元前1200年持续到公元前400年。

3　耆那教是起源于古印度的古老宗教之一，兴起于公元前6世纪。

4　筏驮摩那（前599—前527），耆那教创始人。

美，但毫无疑问，这比西方战争频繁的局面好得多。

公元前6世纪初，当米利都的阿那克西曼德出生时，人类文明已经发展了数千年，并具有了一定的组织和结构。思想传播到各个大洲，商品也一样。就像两个世纪后在雅典发生的情形一样，也许那时候的人们已经能够在米利都买到中国丝绸。大部分人忙于种植、畜牧、渔猎以求生存；另一些人，则像现在一样，通过发起战争来积累权力和财富。

2 公元前 6 世纪的知识：天文学

　　这个世界的文化环境是什么样的？知识的广度又如何？我们很难给出一个精确的答案。不像之后的几个世纪留下了丰富的资料，公元前6世纪给我们留下的相关文字记载相对较少。在阿那克西曼德所处的时代，已经出现了一些影响延续至今的著作，比如《圣经》的部分内容（《申命记》很有可能就是在这一时期完成的）、古埃及的《亡灵书》，还有像《吉尔伽美什》《摩诃婆罗多》《伊利亚特》和《奥德赛》这样的大型史诗。这些光辉灿烂的故事反映出人类的梦想和疯狂。

　　人类使用文字的历史可以追溯到公元前3000多年，用文字记载法律的历史至少可以追溯到公元前12世纪。古巴比伦的第六代国王汉穆拉比在玄武岩石碑上刻下一条条律法，将这些石碑放置到广阔国土的每一座城市。如今，我们还能在卢浮宫看到留存下来的其中一块石碑，路过的人们总会忍不住驻足凝视。

那么科学知识呢？在古埃及和古巴比伦，初级数学已经得到了发展，得益于一些留存下来的成果和练习文献，我们才能在今天了解这些成就。比如我们教年轻的古埃及书吏如何解决平均分配袋装粮食的问题，或者比例问题。（一个商人要把20袋粮食平均分给2个工人，但是一个工人比另一个多做了3倍的工作，他应该怎么分配粮食？）那时候，人们知道用2、3、4或5来除一个数的方法，但是用7来除呢？如果某个问题的解决办法是将一个数分成7份，这就需要换一种方法重新组织一下这个问题。要利用一个圆形的半径来计算其周长，我们要用到π（3.14……），通常我们会使用它的近似值3。古埃及人知道边长比例为3∶4∶5的三角形有一个直角。如果要在现代数学的基础上大致评估一下古埃及人的数学水平，我认为他们和小学三四年级的优秀学生不相上下。人们常常谈到"古巴比伦数学取得了惊人发展"，这是完全正确的，但不要误认为这些数学方法只是我们小学时期所学的课程。从发展的角度看，对人类来说，要将一个8岁小孩学会的知识总结起来，也并非易事。

古埃及、古巴比伦、耶路撒冷、克里特和迈锡尼，乃至中国和墨西哥的知识都集中在皇室宫廷。实际上，这些最早出现伟大文明的政权组织的最基本形式就是君主制，也就是中央集权。可以毫不夸张地说，在公元前6世纪，实力强大的君主制度就代表了伟大的文明。法律、商业、文字、知识、宗教、政权结构，一切都产生在王室和宫廷中。正是这样的君主制结构促进了文明的发展进步，因为它保障了稳定和安全，而这些正是社会关系复杂化的必要条件。然而和今天的稳定不同，这种稳定并不能够让人们免受巨大灾难的侵袭。

古巴比伦王室对很多重要和值得注意的事件进行了记载，比如粮食价格、自然灾害，还做出了对未来科学发展至关重要的创举——记录天文数据、日食、月食、行星的位置。八个世纪以后，在罗马帝国统治时期，托勒密仍然使用这些数据，并给予相当程度的信赖。他甚至为无法获得所有古巴比伦文献而感到忧伤。他得到过一张那布那西尔（Nabonassar）[1]统治时期的日食记录，日食发生于公元前747年左右，比阿那克西曼德早一个世纪，他将这个日期定为其天文计年的元年。

关于天文数据的记载可以追溯到更早的时候。一块泥板用楔形文字正确记录了金星在天空中的位置（图3），它记载了阿米萨杜卡（Ammisaduqa）[2]统治时期好几年内的金星运动情况（公元前1600年左右），比阿那克西曼德早了一千年。

花一些时间来讲古代天文学是恰当的，因为它和接下来的科学有着密不可分的联系。这些数据对古巴比伦人来说有什么意义？为什么要将它们记录下来？为什么古巴比伦人对天空如此关注？

---

1 巴比伦国王，前747年—前734年在位。

2 巴比伦第一王朝第十位国王，约前1646年—约前1626年在位。

图3　楔形文字泥板（藏于大英博物馆）

写于公元前7世纪，在尼尼微完成。泥板上记载了近一千年前，阿米萨杜卡统治时期，金星在天空中的位置。

这些问题不难回答，答案就清楚地刻在我们拥有的数量众多[1]的古老泥板上。一方面，人们意识到一些天文现象具有规律性，可以加以利用。另一方面，人们想要尽快在天文现象和人类活动之间建立起联系。这两方面就是主要原因。

历经几个世纪，人们已经透彻地理解了天空中太阳与其他恒星的相对运动，甚至比今天一所普通大学的讲师了解得更清楚。赫西俄德就是一个很好的例子，他只需观察清晨出现在东方的星座，就能清楚地知道现在是一年中的什么时候，也就是说他精通天文时日。我想应该没有几个大学讲师知道如何进行这种判断。地中海气候使农民需要严格遵守一年四时的规律，但在一个没有日历和报纸的世界，这并不是一件容易的事情，天空和星辰便成了解决这些难题的最简单的办法。多个世纪以来，人们观察天空和星辰，与之对应的知识便传播开来。因此，赫西俄德在《工作与时日》中写下了美丽的句子：

……大角星抛弃海洋神圣的波浪，在入夜之时第一个升起和闪耀……哀鸣的燕子在清晨重新飞进人们的视线，春天已经降临人间。预告燕子的到来，该修剪葡萄枝了，这是最好的时候。

1　泥板数量有几十万块。——作者注

以及，

当猎户座和天狼星爬升到中天，大角星出现在玫瑰色的曙光中，佩耳塞斯啊！你要采下所有的葡萄，把它们放在你的家里；在阳光下晒足十天，再把它们在阴凉处放上五天；到第六天，把快乐的狄俄尼索斯的礼物封装进器皿。当普勒阿得斯、许阿得斯、迅猛的俄里翁消失时，要记得耕地的时候到了。这就是一整年的田间劳作了。[1]

（书中的佩耳塞斯是诗人赫西俄德的兄弟。）

还有，

如果你想要进行危险的远航，当普勒阿得斯为躲避暴躁的俄里翁，躲进大海的阴影中时，各种风暴就开始肆虐了。

总之，对赫西俄德来说，想了解所处的月份，只需要观察星辰就可以了。大角星傍晚时分出现在海面，便意味着春天降临；猎户座和天狼星出现在天顶，就标志着秋天的开始；当普勒阿得斯逐渐消失，就是秋天将尽，凛冬将至的时

1　狄俄尼索斯，希腊酒神。普勒阿得斯，古希腊神话中提坦神阿特拉斯和大洋神女普勒俄涅所生的七个女儿的统称，代表天上的昴星团。许阿得斯，希腊神话中阿特拉斯和埃特拉所生的七个女儿的总称，代表天上的毕星团。俄里翁，波塞冬之子，玻俄提亚的巨人，猎人，死后成为猎户座。

候了。就像《圣经·创世记》中所写的那样，上帝在第四日创造了星辰光体，"可以分昼夜，作记号"。

赫西俄德似乎偶尔会将人类感知的原因赋予星辰，正如这些描写炎炎夏日的美好句子：

在蓟花盛开时，蝉坐在树荫里扇动着翅膀，发出悦耳温柔的声音，这是劳作的夏季，山羊最肥，葡萄酒最甜美，女人最放荡，男人最虚弱。因为天狼星让人们的脑袋和膝盖变得沉重，用它灼热的火苗炙烤着他们的身体。

我们很难得知天狼星是否真的使人们虚弱，还是此处仅仅是用"天狼星"代表夏天。在诗篇中，进行这种区别可能并不恰当，赫西俄德写到当天狼星上升到天顶时（也就是夏天），人们就变得虚弱，却并没有提到涉及个中缘由的理论。我们常说"一到下午，我就犯困"，并没有去想可能是午饭让人昏昏欲睡，而不是一天中的某个时候。

这里就涉及更加重要的古代天文学第二条规律：将天文现象和人类活动联系起来。不管人们是否将其因果关系和时间上的偶然性做出区分，不管这种区分在公元前6世纪是否有意义，天文现象和人类活动之间的联系在更加久远的时代就已经被提出来了。再回到古巴比伦，在一块比阿那克西曼德早十个世纪的苏美尔泥板上，我们可以看到这样的文字：

在这个月的第十五天，金星消失了。整整三天，天空中寻不到它的踪影。到了十一月的第十八天，它重新出现在东方。新的泉源涌出来，阿达德送来雨水，埃阿[1]带来洪水……[2]

这是一个将天文现象和地球现象相结合的例子，在我们掌握的楔形文字文献中，与天文相关的文章基本就是这样的形式。比如，在一系列的泥板《埃努玛·阿努·恩利尔》[3]中，就有对太阳出现于清晨天空中的阐释：

如果在尼萨鲁月（巴比伦历中的第一个月，大约在三四月份），清晨的太阳血红，阳光寒冷，那么国家将暴乱不歇，阿达德将带来屠杀。

如果在尼萨鲁月，清晨的天空血红，那么国家就会发生战争。

如果在尼萨鲁月的第一天，清晨的天空血红，那么无数

---

1 阿达德，巴比伦和亚述的风暴之神；埃阿，苏美尔的水神，巴比伦名字为厄亚。

2 对于不了解的读者，我再次提醒一下，金星有时出现在天空的东边，有时在西边，有时完全不会出现。——作者注

3 *Enuma Anu Enlil*，记载巴比伦天文学的68到70块泥板的统称，其中充满了有关国王和国家的天体和大气现象的大量预言。阿努，古巴比伦神话中的苍天之神；恩利尔，苏美尔神话中的风神。

困难将会出现，人类的血肉之躯将被吞噬。

如果在尼萨鲁月的第一天，清晨的天空血红，阳光寒冷，则国王将亡，国家将乱。

如果国王死亡，国家暴乱发生在尼萨鲁月的第二天，那么另一位国王的将领将会死亡，暴乱斗争将蔓延至整个国家。

如果在尼萨鲁月的第三天，清晨的天空血红，那么将会发生日食或月食。

在所有相关的巴比伦文献中，我们可以很明确地看出天文现象、天体位置、日食、月食都和一种信仰紧密联系，这种信仰认为天文现象与那些直接关乎人类利益的事件（比如战争、洪水、统治者的死亡）之间有着一定的联系。

时至今日，大部分人仍然保持着这种信仰，在受教育程度最高的国家也是如此，其中甚至包括一些位高权重之人，但这明显是一种极其错误的信仰。

在巴比伦，人们收集关于天空的数据，从中寻找天文现象和与人类利益相关的事件，以及天文现象和人类活动之间的规律和联系。不单单在古巴比伦，在阿那克西曼德的时代，人们也知道如何预测日食，并且能将误差控制在一定的范围内，至少能够通过相关信息预测日食现象可能会发生在哪几天。说实话，当人们注意到日食这种现象的明显规律、出现频率，要预测日食并不是一件非常困难的事情。一个对此问题感兴趣的聪明人，掌握了相关数据，是可以发现这个规律的。[1]阿那克西曼德的老师泰勒斯曾预测过日食，古希腊人对此万分惊奇，没有人知道他是如何做到的。很有可能是因为泰勒斯曾经去过巴比伦宫廷游历。

✛

同一时期，在世界的另一端，某些事件很好地体现了古代天文学的另一个作用。公元前6世纪的中国可能已经建立了著名的宫廷天文机构。成书于公元前400年左右的《尚书》指出，中国天文学的发端可以追溯到比耶稣基督早两千多年的尧帝时期，其中提到尧帝：

……命令羲氏与和氏虔诚地遵循上天的规律和一个个天文现象，通过日月星辰来制定历法，教导人民按照时令从事生产活动。

羲氏与和氏各有两个儿子，他们被派往国家各处，每个人分别执行确定春分、秋分、夏至、冬至的任务。最后尧帝又告诉羲氏与和氏：

啊！你们，羲氏与和氏啊，一周年有三百六十六天，通

1　每隔18年11天零8小时，月亮和太阳的相对位置会与原先基本相同，日食月食的发生也与之前一个周期基本相同，这个循环被叫作沙罗周期。——作者注

过加闰月的方法确定四季，使一年完整。

从中可以看出，似乎是历法问题[1]推动着天文机构的建立和人们对天文现象的关注。

但是，中国的天文学真正得到发展的时间则要向后推迟，大约在汉朝，比阿那克西曼德晚两个世纪，相较于巴比伦天文学的发展，中国的天文学则滞后更多。在几千年的时间里，中国天文学家找到了基本的方法来预测天体的位置和日食、月食。尽管中国古代官方天文机构存在了二十多个世纪，从未中断，掌握着每个世纪的天文观测记录，并通过严格的考试制度选拔出国家最优秀的人才，但取得的成果却不

1　历法问题困扰着所有的文明，从玛雅人到中国人，从恺撒大帝到格列高利教皇，都研究过历法。问题如下，通过观察周期来计量天数、计算月相、决定日期是一种简易的方法。满月和新月，这两种月相是很容易观察鉴别的，所以就需要计算一个周期和下一个周期之间的天数，即大约七天，也就是一周。但是还存在两个问题：第一，农业生产是一个长期的过程，因此以年为单位更加适宜；而月亮周期不同，太阳周期的开头和结尾并没有明显的征兆（所以尧帝让羲氏与和氏确定二分和二至日）。第二，每个月的天数是不一定的，一年的月份数也不一定，更不用说天数了。所以就需要某些月份的天数多一些，以达到与月相一致。这就意味着如果我们希望太阳和月亮周期能够协调一致的话，月份和年份之间就无法协调。现代社会采用的解决方法就是应用与太阳和月亮周期分离开的天数不一的月份，每四年出现闰日，星期独立于日期之外这些规则，这是非常复杂的，似乎只对了解它的人来说是合理的。当然在不同的时代和地区，还有着其他各式各样的解决办法。——作者注

令人满意：直到18世纪，官方天文机构甚至还不知道地球是球体这一事实，而且其预告天文现象的能力远远低于托勒密在一千五百多年前完成的《天文学大成》[1]。

中国古代天文学带给我们的是对天文现象的关注，尽管延续了多个世纪，并且完全受到官方支持，却没有发展出现代科学（像哥白尼、开普勒、伽利略和牛顿这样），也没有推动有效、精确的预测性数学理论的发展（像托勒密这样），也并未在理解世界结构方面踏出显著的一步（像阿那克西曼德这样）。同样，古代美索不达米亚文明对天文现象的关注也是一直延续且受到支持的，却没有走得更远，只停留在极不精确的数据集合层面上，这些数据建立在与地面事件相联系的总体阐述之上，而这种阐述却是完全错误的。[2]

除了历法问题，还有一个关键之处：在中国，君权赋予天文学的重要性是通过礼仪制度和意识形态的规定来推动的，就像在古希腊和现代欧洲一样，在正统儒学中，"天"是神之地。皇帝是沟通天与地的媒介，保证和推行世界秩序，同时也是社会和宇宙的秩序。对孔子来说，这种功能在礼仪中更能发挥作用，而不是在朝廷中（天主教会也是如此，弥撒仪式支持并更新着上帝和人之间的关系；它为那些迷失在日常生活之困惑中的人规范了世界的秩序）。官方天

1　古希腊天文学家托勒密在公元140年前后编纂的天文学和数学百科全书。

2　我对文中的"错误"一词的具体含义进行了更深入的讨论，特别是它与真理价值的文化相对性衍生出的问题之间的关系。——作者注

文学机构肩负着重要任务：确定礼仪仪式举行的时间，使其与天象相协调（"虔诚地遵循上天的规律"）。

我并不想暗示推动巴比伦天文学发展的一定是同样的动机和精神，毕竟中国和巴比伦之间存在着巨大的差别。但是这些例子证明，就算处在一个与托勒密、哥白尼，甚至阿那克西曼德完全没有关系的思想框架下，人们还是能够关注天文学。

3 诸神

赫西俄德终归给出了古希腊文化环境的总体情况，他在阿那克西曼德出生的一个世纪前写下了相关内容。在当时的米利都，他也一定声名显赫。赫西俄德的世界是人的世界，充满了农业劳作的艰难，却有着一种坦率而积极的风尚。他的作品传达出对人类意义、生活艰辛的思考（《工作与时日》），对宇宙起源和宇宙历史的探索（《神谱》[1]），预示了接下来几个世纪的伟大思辨，也许还为这些思辨提供了主题、根源和观念结构。

尽管赫西俄德给出的答案有些复杂，却与我们在全世界范围内找到的答案包含相同的元素——尤其是在两河流域：一个由神和神话垄断的体系。

这里举个例子。世界是如何诞生的？是由什么组成的？赫西俄德在《神谱》一书的开头给出了答案。

---

1 古希腊诗人赫西俄德的长诗，是关于神的族系和宇宙起源的设想。

　　最先诞生的是卡俄斯，然后是拥有宽广胸怀的大地之母盖亚，在白雪皑皑的奥林匹斯山巅的所有神灵永久的居所，以及在广阔大地深处之下的幽暗的塔耳塔洛斯，然后是诸神中最美的爱神厄洛斯，她能使所有神和所有人变得萎靡不振，让他们失去理智，心里没了主意。

　　……

　　大地女神首先生出了以繁星为冠冕的乌拉诺斯，他与她大小相同，完全覆盖着她。大地为快乐的神灵提供了永久的居所。她还创造出高山，为深居山谷的女神宁芙创造了优雅的住处。然后，大地未经相爱之美，又生出了蓬托斯[1]——不产果实又波涛汹涌的大海。再后来，大地与乌拉诺斯结合，生出了有着无尽漩涡的俄刻阿诺斯、科俄斯、克利俄斯、许佩里翁、伊阿佩托斯、忒亚、忒弥斯、瑞亚、谟涅摩绪涅，以及拥有金色冠冕的福柏和可爱的特提斯。最后是大地之神的所有子女中最小但最可怕的一个，诡计多端的克洛诺斯[2]，

1　卡俄斯，传说中的混沌，形状不可描述，是一个无边无际、一无所有的空间。盖亚，希腊神话中的大地女神，由混沌中诞生，创造了第一位男神乌拉诺斯。塔耳塔洛斯，希腊神话中的地狱。厄洛斯，爱与情欲之神。乌拉诺斯，希腊神话中的天空之神，从大地之神盖亚的指端诞生。宁芙，希腊神话中的精灵和仙女，出没于山林、原野、泉水或大海等地。蓬托斯，希腊神话中象征大海的男神。

2　从俄刻阿诺斯到克洛诺斯，在希腊神话中统称为"十二提坦"，是原始神之后出现的古老神族。

他成为他那多产的父亲的敌人。

还有这个辉煌谱系其他的种种。这则关于世界起源的传说和许多其他文明中出现的传说类似。在《埃努玛·埃利什》[1]（"在最高之处……"）中也有关于世界起源的传说，在巴比伦新年的第四天（刻在公元前12世纪的楔形文字泥板上，早于赫西俄德半个世纪，出土于尼尼微的亚述巴尼拔图书馆遗址）：

在最高之处，天空还没有名字，

在最低之处，大地也未被赋予名字，

只有阿卜苏（淡水）和提阿马特（咸水）[2]生出了一切。

所有一切都浑然一体浸在水中，

没有密集的芦苇滩，

也看不到甘蔗田，

这时候，众神还未出现，既无名号也无命运。

阿卜苏和提阿马特，两位水之神，于淤泥之中，

生出了拉赫姆和拉哈姆，并呼之以其名。

在他们长大前，安莎尔和基沙尔出生，胜过众人。

天空和大地分离开来，只在地平线处相接，云和泥因此

1　巴比伦的创世史诗。

2　在美索不达米亚的神话中，阿卜苏是原始淡水之渊及其人格化，提阿马特是由咸水创造的原始神，二者分属阳性和阴性，二者结合是众神繁衍的根源。

有别。

日复一日，年复一年，直到阿努，天之神，安莎尔和基沙尔的长子出生，挑战他祖先的权威。

这些引文之后，还有几百句话来讲述这个神话故事。这些文字与赫西俄德诗句之间的共鸣是很明显的。在目前我们了解的所有这类文章中，人类思想几乎都是通过神话将秩序赋予世界的。人们将世界上各种事件的起因归结为诸神的力量，或者超自然实体的力量。

诸神的故事几乎完全占据了古代文献。他们构成了人类对世界的描述，在所有重要文献中扮演着权威角色。他们是为君权辩护的基础，与君权相同，他们一直在个人或集体的决策中被提及，最后成为法律的保证。[1]这种神权的集中在所有古代文明中都是共通的。毫无疑问，诸神或神明在文明中扮演了创造者的角色，至少在有文字记载的文明中是如此。

为什么？人类是怎么创造并分享这样一种将诸神置于至高之地的思想体系的？这种奇怪的思想结构是什么时候开始占据如此重要的地位的？这些都是为了理解什么是文明应该弄清楚的中心问题，而我们的能力还远不能支持我们回答这

1　例如在前面提到的汉穆拉比法典，国王汉穆拉比在法典中提到，是马尔杜克（巴比伦的守护神、主神）赋予他这部律法。同样，摩西十诫也是耶和华赋予摩西的。——作者注

些问题。但是，多神教诸神的集中性和普遍性作为古代思想和解释世界的基础元素，是在议题之外的。[1]在阿那克西曼德出生时，任何认知的基础都来自神话和神明。

---

1 可以参考让·博泰罗（Jean Bottero）等著《古老的东方和我们》一书中的内容。——作者注

4 米利都

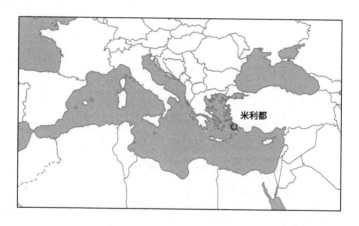

　　新兴的古希腊正在地理版图、经济、商业和政治等方面疾速发展，这里的年轻城邦有一股与巴比伦、耶路撒冷和埃及大不相同的氛围。这个年轻文化的所有外在表现都体现出它的独特之处。比如这尊爱奥尼亚风格的雕塑（图4），它展示出的多样性和自然主义为古希腊古典艺术拉开了序幕。

　　而其新颖在最早的抒情诗中体现得更为明显：

图4 《阿纳维索斯的库罗斯》
真人比例大理石雕像，很有可能完成于阿那克西曼德生活
的时期。（希腊雅典国家考古博物馆）

于我而言，坐在你身边，只有天神可以与之相比，

温柔地，听着你欣喜的话语，看着你脸上的笑意；

这让我的灵魂深处震颤不已。

当我看着你，我的嘴唇说不出话，

舌头也凝住了，

血管里蹿过一丝微妙又短暂的火苗，

耳朵嗡嗡作响，冰冷的汗水将我淹没，

我全身颤抖，比干枯的草叶还要苍白，

我已经不能呼吸，仿佛就要死去。

——萨福《致所爱的女人》

如此美好。

要特别提出的是，古希腊因为一种全新而复杂的政治组织形式显得独一无二。当时世界上其他地方都在通过建立庞大的王朝或帝国缓慢地寻求稳定，效仿埃及法老们持续上千年的王朝，而古希腊却仍然由分裂的城邦组成，骄傲自豪、小心翼翼地守护着各自的独立。但是这种分裂并没有让其变得弱小，相反，正是它为文化注入了非凡的活力，让古希腊文明取得了巨大的成就（首先是在政治上）[1]。

图5　公元前6世纪中叶，古希腊和腓尼基的扩张

1　这有可能与中世纪后期和近代欧洲的情况类似：其他文明以政治联合和君权稳定的模式发展，而这一进程在欧洲却失败了。这造成了发展的差别，而正是这种差别决定了欧洲军事、文化和政治的成功。——作者注

要将阿那克西曼德的思想放置到文化背景下，就需要知道它不是发端于古埃及书吏富有且高效的官僚主义下，也不是神秘的古巴比伦宫廷中，而是在一座繁荣的爱奥尼亚港口城邦里。这里往来的商船络绎不绝，可能每一个公民都认为他们是自身和城邦命运的主宰者，而不是法老统治下寂寂无闻的臣民。

爱奥尼亚是小亚细亚沿海的一小块区域，由12座城邦组成，面向大海，由锯齿般险峻陡峭的岩石海岸庇护着。正是在这狭长的地带上，在这世界历史上寂寂无闻也相对不起眼的土地上，产生了最早的批判性思想。自由的研究精神在这里萌芽，后来成为古希腊思想乃至现代世界思想的基础标志。

在紧靠爱奥尼亚的内陆地区，富庶的吕底亚王国[1]也建立在小亚细亚的土地上。在阿那克西曼德出生的几十年之前，这里就出现了世界上最早的铸币。阿利亚特二世是吕底亚国王，在阿那克西曼德出生那年继位，继续其父萨杜阿铁斯发动的攻打米利都的战争。但是很快，他的注意力就集中到了与巴比伦[2]和米底王国[3]的敌对关系上，这两个国家在东

---

1 小亚细亚中西部一古国（约前7世纪—前546年）。下文提到的萨迪斯为吕底亚王国都城。

2 此为新巴比伦王国（前626年—前539年）。

3 一个以古波斯地区为中心的王国。

南方压制吕底亚王国。因此阿利亚特与米利都缔结和平条约，让城邦重回和平。萨杜阿铁斯的墓仍在，在基伊湖和位于萨迪斯北部的赫耳穆斯河[1]之间的高原上，一座高大的土丘被巨大的石块包裹，顶端耸立着巨大的石柱。

爱奥尼亚城邦中有很多希腊人，来自希腊的各个地区，在更早的时候，可能是在特洛伊战争前一两个世纪，他们就来到了这里，和当地人通婚。这些城邦都是独立的，但通过一个联盟联合在一起，即爱奥尼亚联盟，具有文化和宗教上的特征。联盟的代表聚集到帕尼奥宁（Panionium）[2]，这是海神波塞冬的神庙，位于米卡尔山的山坡上。这座神庙的其余部分在2005年才被发掘出来。作为古代南方文明的希腊前哨地区，爱奥尼亚因富饶和肥沃而闻名。

除了珍贵的当地特产，比如橄榄油（如今在米利都的遗址之上仍然生长着橄榄树），爱奥尼亚的财富来源还有商业贸易。商贸首先是面向北方和黑海地带，爱奥尼亚控制了在数个世纪以前为特洛伊带来繁荣的交通要道，为了夺取这条道路，希腊人付出了很大的代价。然后是面向亚洲的商业贸易，得益于穿越小亚细亚与亚述商人交接的商队，爱奥尼亚成了连接东西的中心枢纽。最后是面向南方的贸易，一些腓尼基船队就从南边来，希腊人通过他们学到了文字。通

---

1 位于土耳其，现名盖迪兹河。

2 爱奥尼亚祭祀波塞冬的圣殿和集会场所。

常情况下，一个希腊城邦会发展混合经济——包括农业、手工业和商业，有大量奴隶，还有在必要情况下可以武装起来的自由市民。在这些城邦中，最繁华和最靠近南部（也就是最靠近南部繁荣文明）的城邦，就是米利都。希罗多德（Herodotus）[1]称其为"爱奥尼亚的中心"。

米利都比希腊殖民扩张的历史更加悠久。这座城邦在穆尔西里二世的赫梯（Hittite）[2]编年史中被称为Millawanda。文献中提到，公元前1320年，米利都城邦与反叛的阿尔萨瓦（Arzawa）[3]国王尤哈–兹迪联合起来。为对其进行报复，穆尔西里二世命令他的将军马拉–兹迪和古拉摧毁米利都。现代考古发掘让这次毁城行动遗留下的断壁残垣重见天日。在此之后，赫梯人在米利都修建了防御工事，很有可能就是为了抵御来自希腊的袭击。但后来，米利都又多次被不同的入侵者摧毁。

希罗多德提到，希腊的米利都由雅典君主科德鲁斯（Codrus）的小儿子涅莱乌斯（Neleus）在公元前1050年左右建立。涅莱乌斯和他的人屠杀了当地人，抢走他们的妻子。但是在公元前8世纪末，米利都的君主政权已经走到尽头，因为涅莱乌斯王室的两个后代——安菲特律翁

1　希罗多德（前484年—前425年），古希腊作家，著有《历史》一书。

2　小亚细亚东部卡帕多西亚的古国，约从公元前18世纪到公元前12世纪，穆尔西里二世也为其国王。

3　小亚细亚西部王国，曾长期为赫梯劲敌。

（Amphitryon）和雷奥达摩斯（Leodamas）之间的斗争。安菲特律翁让人杀死了雷奥达摩斯，并用武力夺取了政权。雷奥达摩斯被流放的儿子带着一群人回到了米利都，找到安菲特律翁，然后杀了他。但是当和平重新确立，这个政权却失去了权威。市民们选出了一位立法者，也就是"临时独裁者"——厄庇墨涅（Epimenus）。城邦处在"市政厅（prytaneion）"的管理之下，那是一个选举产生的寡头式委员会，可以自行决定任期，这就逐渐发展成了暴政。

米利都成了复杂的政治发展的舞台，就像雅典和稍晚但更加著名的古罗马政治过程一样，君主被贵族赶走，然后贵族又受到富裕商人阶层的责难，这一阶层在贵族和手工业者、农民之间扮演着调停者的角色。随之而来的是长期的政治斗争，具体表现为"富人"和"劳动者"之间的斗争。

这种政治的复杂性正是将古希腊新文明和其他东方帝国区别开来的最大特点，也是正在兴起的知识革命的中心。在公元前630年，也就是阿那克西曼德出生前的20年，很有可能是在民众的支持下，米利都的色拉西布洛斯（Thrasybulus）[1]独揽大权，他在这座城邦的历史上扮演了重要角色，让米利都的实力达到了巅峰。

公元前6世纪初，阿那克西曼德出生时，米利都已经是一个繁荣的城邦，古希腊最重要的商贸港口之一（很有可能

---

1 色拉西布洛斯（约前445—前388），雅典将军和民主领袖。

就是最重要的那个），也是亚洲人口最多的城邦，大概有十万人居住在这里。米利都控制着一个面积不大却占据了战略地理位置的滨海国家，这个国家由十几个殖民地组成，其中大部分位于黑海沿岸。老普林尼提到，米利都建立了90个殖民地。在意大利也有爱奥尼亚的殖民地，不过现在位于法国境内。城邦主要从事小麦贸易（小麦来自米利都的斯基泰[1]殖民地，即如今的乌克兰），还有建筑木材、咸鱼、铁、铅、银、金、羊毛、亚麻、赭石、盐、香料、皮革生意。埃及和中东的商队从瑙克拉提斯出发，带来了盐、莎草、象牙和香料。米利都生产并出口陶瓦、武器、油料、家具、布料、鱼、无花果、酒，还有特别著名的米利都布料。

米利都在埃及瑙克拉提斯的贸易中转站建立于公元前620年左右，也就是在阿那克西曼德出生的十几年前。除商业贸易之外，米利都与古埃及文明的文化交流也同样频繁。古埃及对米利都的影响尤其表现在建筑上。希腊最早的一批宏伟的神庙就修建于这一时期，无论建造技术还是风格都受到了古埃及的直接影响。

殖民地和商贸之路不仅仅是米利都的财富来源，还是与来自各地的人相遇、发现不同思想和意见的平台。米利都与

---

1 斯基泰人是东欧和中亚的古代民族之一，公元前7世纪到公元前3世纪主要分布在黑海北岸地区，说北伊朗语，长于耕种和商贸。

整个地中海和中东地区都保持着经济和文化上的联系。随着经济的发展，这座城邦也不断扩展着它的世界视野。

因此，米利都富裕、自由，能够自我抵抗来自吕底亚王国的威胁，它可能是受到来自南方的文化影响最多的希腊城邦。但是它和美索不达米亚、古埃及的大城市不同，米利都没有皇室宫殿，也没有权势很大的宗教圣职团体。米利都的公民是自由的，处于多元文化、活跃经济的中心，而且他们还见证了艺术、政治和文化上的极度繁荣。总而言之，米利都是"最早的、真正的人文主义"中心。

✛

在临死前的几个月里，阿那克西曼德看到米利都落入了强大的波斯帝国（在亚述帝国衰败后迅速发展起来）的统治之下。不久之后，公元前494年，在一次反抗波斯帝国的尝试之后，米利都被波斯人洗劫一空、夷为平地，大部分市民被当作奴隶流放到波斯湾。至此，米利都文化结束了它在古希腊文化中的首席地位。

公元前5世纪中期，这座希腊城邦从废墟中重生，由伟大的建筑师、城市规划之父希波丹姆（Hippodamus）重新建造。在阿那克西曼德之后的一个世纪，出现了我们今天仍能欣赏到的古老考古遗迹，比如宏伟的米利都剧场（在古罗马时期得以扩大）（图6）。

著名的米利都市场大门（图7）于1907年被运送到柏林

图6　米利都剧场

图7　保存在柏林佩加蒙博物馆的米利都市场大门

佩加蒙博物馆，1928年在博物馆中得以重建。这个建筑比剧场修建的时代更晚一些，建于古罗马时期，见证了古罗马帝国之下米利都城邦再现的辉煌。

✥

阿那克西曼德无疑是米利都市民中的重要一员。有资料（埃利安努斯[Aelianus][1]留下的文献）表明他是安菲波利斯（Amphipolis）[2]的米利都殖民地的首领。在他之前还有"希腊七贤"之一的泰勒斯（Thales）[3]。如果我们设想这两个人互不认识，这显然是荒谬的。但是，我们仍然无法确定我们能否说他们是一个学派：我们并不知道知识的传承和传播是如何在米利都进行的。

有古代文献提到阿那克西曼德前往斯巴达的旅程，他在那里建了日晷来测量二分点和二至点。此外，西塞罗（Cicero）[4]还提到阿那克西曼德在斯巴达预测了地震的发生，因此救了成千上万人的性命。这段历史看起来似乎不太可能，我们所掌握的资料和信息弄乱了这位著名且受人敬重的旅者的行程。还有一些学者指出，阿那克西曼德应该是经由瑙克拉提斯前往了埃及。

---

1 埃利安努斯（175—235），古罗马作家和修辞学教师。

2 古希腊城市，现位于马其顿，在希腊东北部，是当时的战略运输中心。

3 泰勒斯（约前624—约前546），古希腊自然哲学家、数学家、天文学家。

4 西塞罗（前106—前43），古罗马政治家、演说家和哲学家。

图8　公元前6世纪的斯巴达杯子（Arkesilas Cup），作者是国王阿
　　　尔克拉西乌斯二世的画师。

　　一些学者认为从中可以看出阿那克西曼德思想的影响：地球是一
根柱子的形状，天空环绕着大地，由阿特拉斯（希腊神话中的擎
天神）托举着。图案中的另一个人物是普罗米修斯。（梵蒂冈博
物馆）

　　至于阿那克西曼德的外表，几乎没有文献对此进行过描
述，只有第欧根尼·拉尔修（Diogenes Laertius）[1]的一则简
短叙述：恩培多克勒（Empedocles）[2]用一本正经又做作的
方式来模仿阿那克西曼德。

　　阿那克西曼德一定留下了相关的文字资料，因为他决定
将自己的思想记录成书。但有关于他的生活、性格、外貌、
阅读的书籍和他的旅程，我们几乎一无所知。

1　公元3世纪的希腊作家，因汇编希腊哲学史而驰名。

2　恩培多克勒（前490—前430），古希腊哲学家。

但无论如何，我们感兴趣的是他的思想，这是我们可以得知的，也正是我尝试在下一章节中进行综合分析的内容。

第二章

阿那克西曼德的贡献

Anaximander's Contributions

阿那克西曼德写过一本散文体的书，题目叫《论自然》（Περί φύσεως）。很不幸，这本书并未流传下来，只剩下曾经被辛普里丘（Simplicius）[1]引用过的一个片段（《评亚里士多德〈物理学〉》）：

ἐξ ὧν δὲ ἡ γένεσίς ἐστι τοῖς οὖσι, καὶ τὴν φθορὰν εἰς ταῦτα γίνεσθαι κατὰ τὸ χρεών
διδόναι γὰρ αὐτὰ δίκην καὶ τίσιν ἀλλήλοις τῆς ἀδικίας
κατὰ τὴν τοῦ χρόνου τάξιν.

这段话的翻译有些争议，大意如下：

万物的产生由它而来，万物的灭亡也归复于它，这源于必然性。因为万物遵循时间的秩序，将公平赋予彼此，互相补偿彼此间的不公平。

1　辛普里丘（约490—约560），又译作"辛普利西乌斯"，古罗马哲学家。

　　这些晦涩难懂的话语被写入很多文章之中。确实，这段话能引发人们的想象。将它从上下文背景中摘取出来，则很难得出客观的解读。我们将从其他地方入手来分析阿那克西曼德思想的本质。

　　幸运的是，虽然大部分资料都是时代较晚的或间接的材料，而且不完全可信，但是有关阿那克西曼德所著文章的古希腊文献还是很多的。其中最丰富的文献来自亚里士多德，他讨论了大量阿那克西曼德的思想观点，而且与阿那克西曼德所处的时代仅相隔两个世纪。亚里士多德很有可能在他著名的图书馆中保存着阿那克西曼德所著的书籍。亚里士多德的学生和逍遥学派[1]继任者泰奥弗拉斯托斯（Theophrastus）在他的哲学作品中详细地介绍了阿那克西曼德的思想。虽然泰奥弗拉斯托斯的作品也遗失了，但是在流传至今的、时代较晚的文献中，他的作品被大量提及和引述，比如公元6世纪活跃于亚历山大和雅典的哲学家辛普里丘所著的文献。只是，在辛普里丘和阿那克西曼德之间，已经隔了一千多年。

　　重建阿那克西曼德思想的工作就从这些材料文献入手，这些文献数量众多、年代较晚且不一致，让这项工作成为充满吸引力的难题。考古学家在罗马时代古老的图书馆中找到炭化的书卷，如今展开和辨读这些脆弱文献的方法越来越先

1　古希腊哲学学派，创建者为亚里士多德及其弟子。

进，就像用X射线来研究葬礼祭司制作的古埃及木乃伊身上的绑带一样，现在人们已经不用冒着撕毁书籍抄本的风险进行研究了。直到某本文献向我们展示出泰奥弗拉斯托斯，甚至是阿那克西曼德本人的文章[1]之前，我们还得继续投身于这项重建工作。

在详细介绍这项复杂的工作前，我先在这一章用我认为最可信的重建材料来总结阿那克西曼德的主要思想[2]：

1. 天气现象有相应的自然原因。雨水和海水、河水在太阳的作用下蒸发，水蒸气被风带走，最后又落回到地面上。云的猛烈相撞产生了雷和闪电，极度炎热和过量的降雨导致地质断层，裂缝和断层又导致了地震。

2. 地球是一个悬浮在空间中体积有限的物体。它不会掉下来，是因为它没有特定的掉落方向，它也不受"任何其他物体的控制"。

3. 太阳、月亮和其他星体都围绕着地球进行完整的圆周运动。它们由巨大的轮状物牵引，就像"马车车轮"（图9）。这些轮子是中空的（就像自行车轮子），中间填有火焰，而且在内侧还凿有孔洞。从孔洞中看过去，各个星体就

1　这不是不可能的，最近，考古学家在陶尔米纳发掘的一座古罗马图书馆中发现阿那克西曼德的名字出现在作者名录中。——作者注

2　在重建阿那克西曼德思想的材料中，有一部分非常严谨，只完全得到确定的思想归于阿那克西曼德。还有一部分材料较为宽泛，旨在将整个古代世界对他的认识都归于他，我则在二者之间取中间位置。——作者注

是这种火焰。这些轮状物可能正是用来解释为什么各个星体不会掉落下来的。星辰在距离地球最近的轮子中运转，月亮在中间的轮子中，太阳则在距离地球最远的圆圈中运转，它们之间的距离遵照着9:18:27的数字比例[1]。

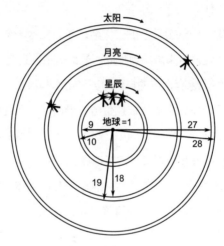

图9　重建阿那克西曼德理解之下的宇宙

4. 构成自然的万事万物来自同一个开端，或者说唯一的"本原"，被称为"阿派朗"（ἀπείρων），代表着无限、无定或不定。

1　库普里在《阿那克西曼德宇宙观的可视化》中提出了一个假设，根据这个假设，这些数字只是表达了"很远""更远""非常远"的概念。其他人致力于将这些数字解读为具体描述一个机械模型的、具有随意性的方法，就像人们说"想象月球在一个大圆圈上，太阳则处在两倍大的圆圈上"，这只是为了表达"在另一个更大的圆圈上"而已。——作者注

5. 事物之间的转变是由"需求"决定的，它也决定了各种现象在时间中的发生和发展。

6. 当阿派朗分裂出冷和热，世界就诞生了，世界的秩序也就此产生。一个火球膨胀，四周包裹着空气和泥土，"就像树的树皮"。然后这个球体碎裂，封闭在构成太阳、月亮和星辰的圆圈中。原本被水覆盖的泥土也逐渐变得干燥。

7. 最开始，所有的动物都生活在海里，或之前覆盖在泥土上的水中。最先出现的动物是鱼，各种鱼类。当大地干涸之后，鱼类就来到稳固的大地上，适应了这个新环境。而且人类并不是以现在的形式出现的，因为婴儿不能够自给自足，而需要其他人喂养。因此人类是从类鱼的生物演变而来的。

在这里我们可以引入下面的观点：

8. 阿那克西曼德绘制了第一幅世界地图（图10）。米利都的赫卡塔埃乌斯（Hecataeus）[1]在此基础上对世界地图进行了发展，并由此让这幅世界地图成为所有古代地图的基础。

9.阿那克西曼德用散文形式写出了第一本关于自然现象的书。在此之前的关于世界起源和世界构成的作品都是诗歌形式（比如赫西俄德的《神谱》）。

1　赫卡塔埃乌斯（约前550—约前476），古希腊米利都的历史学家和地理学家。

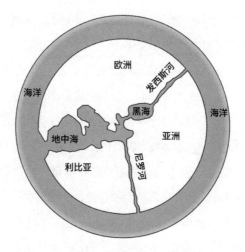

图10　阿那克西曼德世界地图推测复原图[1]

10. 通常，我们认为是阿那克西曼德将日晷引入了古希腊。日晷是一根垂直于地面的棍子，我们可以测量其影子的长度，以此计算太阳相较于地平线的高度。通过这个仪器，我们可以发展出关于太阳运动的复杂天文研究。

因此，一些学者认为阿那克西曼德是第一个测量黄道相对赤道倾斜角度的人。如果我们接受第十条贡献，那它就是合理的。阿那克西曼德对日晷进行了系统的使用，顺理成章，黄道倾角正是能够用日晷测量出的第一个数量值。

这些观点构成的思想框架是很难建立的。杰拉尔·纳达夫（Gérard Nadaff）提出阿那克西曼德的主要目的是从理性

1　古希腊人称里奥尼河为发西斯河，里奥尼河为格鲁吉亚西部的一条主要河流。

和自然主义的角度，重建和解释从源头到现在的万物之间秩序的历史，包括自然和社会两方面。纳达夫指出这也是各种宇宙起源神话的目的。阿那克西曼德也延续了这种传统，同时深入更新了研究方法，发展出新的自然主义视角。

图11　18世纪的日晷，北京

不管推动阿那克西曼德研究的目的是什么，有一件事是清楚的，我们不能将他所有的观点和研究结果看作现代科学意义上的完整科学素材。与现代科学相比，阿那克西曼德的科学思想在某些重要方面是有所缺失的。这里只需要提出主要的两个方面：

对隐藏在自然现象之中的数学规律的研究是完全缺失的。对这方面的关注出现在下一代的科学家中，即毕达哥拉斯学派。这方面的研究在接下来的一个世纪中得到发展，直到亚历山大学派得出了伟大的科学成果，尤其是希帕克斯和托勒密的天文学，更是对数学物理的巨大贡献。

同样缺失的还有在构建人工物理环境方面进行实验（以进行特定的观察和测量）的观念。等到两千年后，伽利略所进行的科学研究才标志着这种观念得到成熟的认识，他的研究成果也是指引欧洲科学走向繁荣的关键。

除此之外，我们还可以罗列出更多阿那克西曼德思想和现代科学思想之间的不同点。有人认为阿那克西曼德的思想已经过时，但是，这种过时不应该掩盖他所做研究的深刻的革新意义，以及对之后的科学发展产生的重要影响。在之后的文章中对此进行阐释说明，这就是我的目的。我需要逐条分析这些思想的贡献和意义，不是以研究古希腊文化的历史学家的角度，而是用一个当代科学家的眼光。

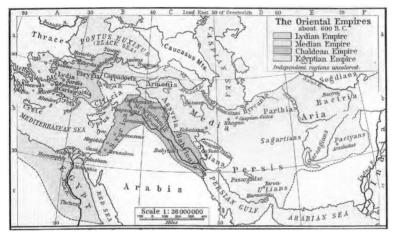

公元前600年左右的中东帝国

公元前6世纪中叶，古希腊和腓尼基的扩张

楔形文字泥板（藏于大英博物馆）

写于公元前7世纪，在尼尼微完成。泥板上记载了近一千年前，阿米萨杜卡统治时期，金星在天空中的位置。

《阿纳维索斯的库罗斯》

真人比例大理石雕像，很有可能完成于阿那克西曼德生活的时期。

（希腊雅典国家考古博物馆）

公元前6世纪的斯巴达杯子（Arkesilas Cup），作者是国王阿尔克拉西乌斯二世的画师。

一些学者认为从中可以看出阿那克西曼德思想的影响：地球是一根柱子的形状，天空环绕着大地，由阿特拉斯（希腊神话中的擎天神）托举着。图案中的另一个人物是普罗米修斯。（梵蒂冈博物馆）

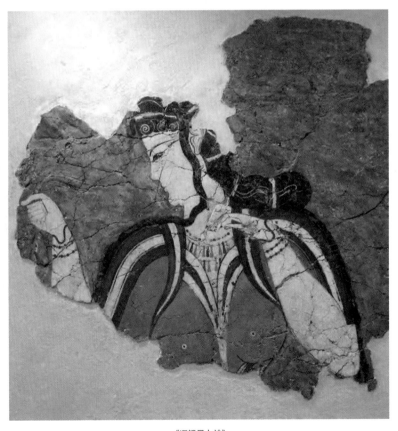

《迈锡尼女神》

公元前13世纪的迈锡尼壁画。表现了一位正在接受祭品的女神。

7671

7703

公元前13世纪的泥板，上面刻有线性文字B。

收藏于雅典国家考古博物馆。上方的泥板刻有关于一份羊毛订单的信息。

大气现象

Atmospheric Phenomena

在对阿那克西曼德宇宙论和阿派朗的性质这些重要主题展开讨论之前，我想先关注他思想中相对边缘化却极其重要的方面，即他以自然主义方式对大气现象进行的研究。

通过圣希玻里（Hippolytus）[1]，我们知道了：

（阿那克西曼德认为）雨水来源于太阳作用下从地面升起的水蒸气。

通过埃提乌斯（Aetius）[2]和塞涅卡（Seneca）[3]，我们知道了在阿那克西曼德看来：

1　圣希玻里（170—235），古罗马神学家。

2　埃提乌斯（约公元1世纪到2世纪），古希腊哲学文献汇编者。

3　塞涅卡（约前4—公元65），古罗马时代著名的晚期斯多葛学派哲学家、政治家、剧作家。

（雷声、闪电、飓风和台风等）现象都是由风引起的。

什么是风？还是埃提乌斯留下了解释：

阿那克西曼德认为风是一种气流，其中最细小和潮湿的
部分在太阳的作用下混合和运动。

阿米阿努斯·马尔切利努斯（Ammianus Marcellinus）[1]
则为我们叙述了阿那克西曼德对地震的解释：

他认为在经历极其炎热的夏天或持续降雨之后，风猛烈
地涌进地面的裂缝，撕裂大地，然后动摇其基础。这也解释
了一个常见的巧合——可怕的地震大多伴随着一段时间的干
旱或水涝。

其他很多文献也提到了阿那克西曼德的这一观点。

如果我们将这些观点置于古希腊文化的背景之下，就能
发现古希腊世界对大气现象的关注已经在宗教文献中得到肯
定。可是，如果我们将这些观点与现代科学知识（特别是对
天气现象物理特性的完善认知）联系起来，则会觉得它们只
是对某些现象的简单解读，有些时候还存在错误（地震并不

---

1 阿米阿努斯·马尔切利努斯（约330—395），古罗马末期最知名的史学家。

是天气极度炎热或下雨过多引起的）。但不可否认，有些观点是完全正确的（海水的蒸发是产生雨的原因之一）。

然而，这两种解读都是缺乏远见的，因为它们没有看到接下来的关键性事实。在我们所掌握的早于阿那克西曼德时代的文献材料中，无论是否来自古希腊，其中对雨、雷、地震和风这些自然现象的解释都是具有神秘性和宗教意味的，就像神灵在展示不可思议的力量。雨源于宙斯，风则来自埃俄罗斯，波塞冬掀起巨浪。[1]我们并未找到公元前6世纪以前用自然原因，而不是神的意志来解释这些现象的证据。

在人类历史长河的某个时间点，一种思想产生了，它让人们理解这些现象、个中关系、形成原因和不同现象之间的交集成为可能，不用再将其归因于诸神的反复无常。这个转折出现在公元前6世纪的古希腊思想中，古希腊人一致将这种思想的产生归功于米利都的阿那克西曼德。

然而这场知识和思想层面上的颠覆性巨变的重要性却被低估了，原因有两个。

一方面，尽管这些古代学者已经详尽地提出了阿那克西曼德的观点，并且具有一定的可信度，但是在古代文化中，对这些现象的自然主义理解仍然是非常模糊的。得益于对天文现象的分析，比如太阳、月亮和行星的运动，古希腊

---

1 宙斯，古希腊神话中统领宇宙的至高无上的天神；埃俄罗斯，古希腊神话中的风神；波塞冬是希腊神话中的海神。

科学取得了辉煌的成就，这一时期的科学研究深入阐释了静力学和光学，还为实验科学奠定了基础。可是一旦需要为复杂的物理现象——比如天气现象——给出充分的解释时，它就变得极其缺乏说服力。这也是为什么古代学者将阿那克西曼德的自然主义观点看作合理假设，却并未对其表示一致认可，让这些观点成为人们理解自然现象的可靠答案。对于这一点，我们可以在上面的引文中看出端倪，没有一个学者用"阿那克西曼德明白了"这样的字眼，比如"阿那克西曼德明白了雨水来自地面的水蒸气"，他们用的是"阿那克西曼德认为"。换句话说，这一时期的古代科学还未能断定他的自然主义观点是否正确。

相反，现代的阿那克西曼德研究者则通常认为大气现象和其自然原因之间的关系是非常明显的，以至于他们甚至没有解释隐藏在这个假设之下的概念巨变。

在古希腊宗教中，天空是神的领地，天气现象自然而然被看作诸神喜怒哀乐的表现。众神之父宙斯掌管雷电，波塞冬掀起地震。在古希腊传说中，天气现象的不可预料正是诸神自由意志的反应。研究产生这些现象的自然原因，完全不考虑诸神在其中扮演的角色，这与用宗教观点来解读天气现象的行为是完全割裂开的。

阿里斯托芬（Aristophanes）[1] 在《云》这部戏剧中揭示

---

1 阿里斯托芬（约前446—前385），古希腊早期喜剧代表作家。

出，阿那克西曼德对雷电的自然主义解释在两个世纪之后仍然被视作对宙斯的亵渎：

斯瑞西阿得斯：我一直以为雨是宙斯下的。那么雷又是谁放的呢？我害怕雷声……

苏格拉底：那是云卷动的时候发出的声音。

斯瑞西阿得斯：怎么卷动的？你敢解释解释吗？

苏格拉底：云中充满了水分，这些水迫使云运动，从高空迅速向下坠落，雨水使云膨胀、变重、互相撞击，然后云破碎，发出了轰隆的雷声。

斯瑞西阿得斯：是谁迫使它们运动呢？难道不是宙斯？

苏格拉底：完全不是，是空气的动力迫使它们运动。

斯瑞西阿得斯：空气动力？我不知道宙斯已经不存在了，现在是空气动力代替他统治世界……

这出喜剧的结局是苏格拉底和他的门徒被控诉亵渎神灵、腐化青年，因此遭到痛打。

斯瑞西阿得斯：你们为什么要侮辱神灵，观察月亮运行的规律？快追上他们，打他们！他们犯了太多错误，特别是亵渎神灵！

阿里斯托芬的喜剧是有趣的，据说，历史中真正的苏格拉底在第一次自我辩护后，还起身向陪审团友好地挥手致意。柏拉图在《会饮篇》中还写到苏格拉底曾和阿里斯托芬如兄弟那样友好地共进晚餐。但二十年后，苏格拉底被雅典法院判处死刑，因为他进行的教育腐化青年，不承认城邦信奉的神，正如阿里斯托芬在这部喜剧中对他提出的控诉一样。他的罪行在于，他像阿那克西曼德一样，认为天气现象可以用自然原理来解释，和神没有任何关系。

风的运动和太阳的热导致了雨的形成，宙斯并未参与其中，一个虔信神灵的希腊人听到这样的观点会深感不安，就像今天虔诚的天主教徒听说灵魂只是原子间相互作用的结果一样。不过，二者还是存在不同，今天的天主教反对有着长达二十六个世纪历史的自然主义，而据我们所知，阿那克西曼德正是世界上第一个提出自然主义解释的人。在本书的最后几章中，我会再回到这一主张的重要历史意义上。

宇宙自然主义和生物自然主义

阿那克西曼德的自然主义主张远不止对天气现象的自然解释。为了分析所有的内容，我们将第一章中赫西俄德对世界起源的描述与前一章中阿那克西曼德的观点（第6点）进行对比，这是很有必要的。格雷厄姆最近对这两种宇宙起源学说进行了严谨的对比研究，我在这里总结一下他的研究结论。

一方面，二者的目的是明显相似的，即描述世界起源，勾勒"世界历史"。这种相似性揭示出问题的连续性，以及阿那克西曼德对世界起源的基本关注点的文化根源。但是他们寻找答案的方向却完全相反。就像我在第一章所强调的那样，赫西俄德完全在被所有人类文明所接受的普遍传统中展开研究，他致力于讲述的世界历史其实是诸神的历史。阿那克西曼德则突然与这种传统完全割裂开来。在他对世界历史的描述中，基本上没有超自然的元素。他用世间万物来解释世间万物：火、热、冷、气、土。被解释的事物也是真实存在的，比如太阳、月亮、星体、海洋和大地，而不是宙斯的权威。

对一些读者来说，阿那克西曼德对世界起源的描述就像现代宇宙学说的大爆炸理论的简单模糊版本。

当然，我们不能将这种相似性和阿那克西曼德神秘的预知混淆起来。而且这并非重点。真正重要的是，这是一种具体的方法论，即用世界上存在的事物来解释世界万物的体系。这种方法论主张是具有革命性意义的，而且之后成了现代科学的支柱。而二者的相似性并非偶然，也不是什么神秘的事情。我们正在做的就是发展阿那克西曼德提出的方法论主张，事实证明，他的主张确实是非常高效的。

✧

　　阿那克西曼德的自然主义还在另一个领域取得了奇迹般的成功——对生命和人类起源的思考。阿那克西曼德认为生命起源于大海。他清楚地解释了生物的进化，而且将它和气候条件的变化联系起来。世界上最早的生物来自海底，随着泥土的干涸，它们也逐渐适应了陆地环境。阿那克西曼德还思考了到底是什么生物孕育出世界上最早的人类。我们也仅仅是在近几个世纪才开始关注这个问题，最后得出了众所周知的伟大结论[1]。因为资料不足，只有一篇公元前6世纪的文献涉及阿那克西曼德这方面的思想，成为无声的证明。

　　就算阿那克西曼德给出的解释都是错误的，但他用自然原因解释大气现象的研究仍然在科学史上起到了重要作用。从某种程度上看，这意味着科学研究的诞生。

　　阿那克西曼德的阐释不完全是错误的。事实上，他的大部分观点都很正确。这是惊人的。雨确实来自太阳从陆地上蒸发的水分；太阳的热量引发空气运动，由此产生了风；地震是地壳的板块运动引起的；当然还有其他观点。

　　阿那克西曼德是如何理解这一切的？我对此一无所知，也不想迷失在各种假设中。我认为其中的关键可能就是他对传统观点的怀疑态度。在阿那克西曼德之后的一个世纪，米利都的赫卡塔埃乌斯在阿那克西曼德的世界地图的基础上

1　指进化论。

进行了发展，成为古希腊最早的历史学家。他在《族谱》（*Genealogiai*）一书中用一句著名的话作为开场白：

米利都的赫卡塔埃乌斯如是说：我所写下的都是我认为正确的，因为希腊人讲述的许多历史都是矛盾的，而且让我觉得很荒谬。

也许一旦建立起这种探究自然原因的核心观念，接受这种正确的怀疑主义，一些合理的解释就会在观察世界的过程中自然而然地形成。

大家是否还能回忆起我们在学校学过的"水循环"：水通过降水落到地面，流进江河，汇入大海，在太阳热能的作用下蒸发成为水蒸气，随空气运动上升到大气中，然后再凝结成雨落回地面……这就是一个体现出自然界复杂性的极佳例子。但复杂的同时，我们身处的这个美丽世界也是可理解的。虽然在我们的课本上没有明确提出来，但米利都的阿那克西曼德正是理解了水循环的那个人。

漂浮的地球

Earth Floats in Space, Suspended in the Void

在中世纪的欧洲，人们都认为地球是平的。相传，当克里斯托福罗·哥伦布提出一直向西航行就能到达中国时，许多西班牙学者否定他的看法，认为这是一个荒谬的计划，因为他们相信地球是平的。

但是，这个故事是毫无根据的。《神曲》一书写于哥伦布时代之前的两个世纪，其中涉及中世纪流行的知识，但丁在书中描绘了一个球形的地球。事实上，在中世纪的欧洲，没人认为地球是平的。更早以前，因为人类和上帝的关系，圣奥古斯丁（Saint Augustine）[1]否认了"对跖点"人类存在的可能性，但他对地球是球体的事实毫不怀疑。托马斯·阿奎那（Thomas Aquinas）[2]在《神学大全》的开头就清楚地

1　圣奥古斯丁（354—430），早期西方基督教的神学家、哲学家。

2　托马斯·阿奎那（1225—1274），欧洲中世纪经院派哲学家和神学家。其神学和哲学著作《神学大全》被誉为基督教的百科全书。

提出了地球是球体的理论。[1]因此，我们可以说几乎没有中世纪文献将地球形状描述为平的。[2]

　　西班牙宫廷学者对哥伦布的反对并非毫无根据，尽管这和他们是否相信地球是球形没有什么关系。在1400年，人们已经清楚地知道地球的直径、周长等数据，而且数据误差在百分之十以下。公元前3世纪，亚历山大图书馆馆长埃拉托斯特尼（Eratosthenes）[3]用巧妙的方法计算出了地球的直径和周长。在哥伦布所处的时代，地球过于庞大，通过航海且不中途停靠的方式环绕地球是非常困难的。哥伦布极力游说西班牙皇室，想让他们相信地球比人们实际认为的要小，向西航行到达中国的计划是可行的。换句话说，他错误地估计了地球的大小。命运之路是曲折的，哥伦布理论上的错误却带来了其他结果（尤其是后来，欧洲人几乎让世界上五分之一的人口消失）。直到去世，哥伦布仍然认为地球很小，他

1　"不同的认知原理或出发点，产生不同的学问。因为天文学家和自然或物理学家都证明同一结论，比如说'地球是圆的'……"托马斯·阿奎那《神学大全》，第一题，第一节。——作者注

2　例外是极其罕见的，公元4世纪的拉克坦提乌斯（古罗马基督教作家，著有大量解释基督教的作品），公元6世纪的科斯马斯·印第科普莱特斯（可能是商人，曾去过红海地区进行贸易，通过写书来描写自己眼中的世界），还有其他少数人认为地球是扁平的。通常情况下，一些基督教作家极力拒绝异教知识和思想，徒劳地尝试维护"地平说"观点。科斯马斯则认为地球的形状像帐篷。——作者注

3　埃拉托斯特尼（约前276—约前194），希腊数学家、天文学家、作家。

曾到达过亚洲。

早在亚里士多德时期，地球是球体的事实已经在古希腊被广泛接受。对任何一个尽力了解和思考相关论据的理智之人来说，这些论据都是正确且具有说服力的。如果存在疑问，只需要阅读托勒密《天文学大成》的第一章，就能找到完整、清晰、确定的论据。因此，亚里士多德之后，西方已经没有人再质疑地球（大致）是球体的事实了。

其实在亚里士多德的前一个时代，地球是球体的观点已经得以传播，只是各方论据不是非常清楚确定。柏拉图在《斐多篇》中就提到苏格拉底认为地球是球体，"但未能提出具有说服力的论据"。在我们掌握的材料中，《斐多篇》的这段文字是认为地球是球体的最早证据。

在公元前5世纪的希腊，人们对这个科学问题在概念上极度的明确是很令人震惊的。柏拉图和亚里士多德清楚地知道相信某件事和为此事给出有力的论据是完全不同的两回事。也许今天的一个普通学生在接受高中教育后也会认为地球是球体，但我怀疑他是否能给出令人信服的直接证据。因此，至少在这个问题上，这个高中生的科学水平在柏拉图和亚里士多德两代人之间。

还有一个观点也值得强调，在关于哲学思想的书籍中，《斐多篇》是被阅读、评价和讨论得最多的篇章之一，但我们的关注点主要停留在"灵魂的不朽"这一层面，并没有注意到文章中存在着科学史上的无价珍宝，这是历史上第一次提到地球是球体，而且这个观点正被逐渐接受。对这一点的忽略揭示出一道鸿沟，正是这条鸿沟盲目地将今天的人文科学和自然科学分隔开来。

柏拉图在提到地球是球体时，就像在讲述一个稀松平常的观点。那么这个观点从何而来？通常，我们会联想到毕达哥拉斯学派，有时候会将其与毕达哥拉斯（Pythagoras）[1]本人联系起来。对阿那克西曼德来说，地球并非球体，而是类似圆柱形，就像一面鼓，或者一个圆盘。

阿那克西曼德：地球是一个天体……圆柱形，就像一根柱子。它有两面，其中一面就是我们脚下的土地，另一面则与之相对。

圆柱形或圆盘状也许看起来很奇怪，但我认为它有其合理之处。泰勒斯曾经指出水是万物之源，他设想所有一切都形成于一个巨大的海洋之中，地球也漂浮在这片海洋之上。阿那克西曼德则认为环绕地球的海洋不是必须存在的，在去掉海洋之后，地球就像一个圆盘漂浮在空间之中。

这里又涉及常常被我们忽略的一点，而这点对评价阿那克西曼德的贡献来说却至关重要。从科学上和概念上来看，决定性的一步并非确定地球到底是圆柱形还是球形，而是理

1　毕达哥拉斯（约前580—前500），古希腊数学家、哲学家。

解地球是一个悬浮在空间中的天体。我想要清楚地阐明这一点，因为没有直接科学研究经验的人很容易忽略这点。

事实上，地球不是圆柱体，也不是正球体，它是一个两极稍扁的椭球体。确切地说，它也并非椭球体，而是更像一个梨形，因为南极比北极要更扁一点。时至今日，我们又测量到地球形状的不规则之处，所以，它也不再是梨形了。我们对地球形状的认识越来越精确，这是很有意思的，但是就其本身而言，这并不能为我们理解世界带来什么重要的贡献。从阿那克西曼德的圆柱体到球体，再到椭球体、梨形，直到今天的不规则球体，这展现的是我们对地球形状定量认识的不断精确化，而不是概念上的革命性改变。

相反，明白地球像一颗悬浮在空间中的石子，不依靠任何事物，在地球的另一端，仍然是与我们所见相差无几的天空，这是概念上的巨大飞跃，也是阿那克西曼德做出的贡献。

在很多现代学者看来，阿那克西曼德设想的宇宙模型（其中地球是圆柱体）是粗糙的，并不值得注意，毕达哥拉斯–亚里士多德的宇宙模型（其中地球是球体）则被认为"在科学上是正确的"。这些评价从科学上看是没有意义的，原因有两个。第一，就像我说过的，从地球是平的到地球是悬浮在空间中的天体，这一步是极大的跨越，也是艰难的跨越。中国拥有官方天文机构的历史长达20个世纪，但仍然没有跨过这一步，其他文明也是如此。相反，从圆柱形的地球到球形的地球，跨出这一步是简单的，只需要一代人的努力便取得了成功。第二个原因，也正如我所说，地球的球形模型并非地球形状问题的"真正"答案，它只是比圆柱形更加精确，又比椭球形稍差一些的模型。因此，宇宙学革命是一定要归功于阿那克西曼德的。

✦

那么，阿那克西曼德是如何明白地球"下方"仍然是天空的？

显然，我们并不缺乏线索。每天傍晚，太阳从西方落下，每天早上又从东方升起。它经过怎样的轨迹，才能在另一方重新出现？再观察北极星，在美好的夏夜，我们可以看到其他的所有星星都在缓慢地运动，非常绚丽，而北极星则几乎不动，就像被固定在天轴之上。最靠近北极星的星星——比如小熊座的星星——总是围绕着北极星缓慢转动，24小时刚好转动一圈。而且我们总是能在天空中看见它们（当阳光不让我们目眩的时候）。而距离北极星较远的星星则在24小时的时间里完成了更长的运动轨迹，但它们会落到地平线以下。

我们可以清楚地看到它们消失在一座山后面，不一会儿又再次出现在东方（图12）。它们一定从山背后经过。它们是不是距离北极星更远了？在重新出现之前，它们应该被某样东西挡住了。所以，在那边一定有空间，能让这些星星继续运动。这些在天球赤道上、远离北极星的星星是不是也按照太阳在天空的轨迹在运动呢？我们是不是可以设想这些星星在地球下方消失了？但如果它们从地球下经过，那么地球下就一定有空间！

图12 这是一幅长时间曝光拍摄而成的夜空图，展示出夜晚星星在天空中的运动轨迹。我们可以从中看出，地平线之下存在着空间，加上这个空间内的运动轨迹，才补全了星星24小时的圆周运动。

阿那克西曼德提出雨水来自地面升腾的水蒸气，雨的形成和我们正在讨论的这个发现，这二者的结构是极其相似的。在雨水的例子中，盆子里的水在阳光下会逐渐消失，然后变成雨再次从天而降，一种智慧将消失和出现联系起来，并且将雨水和水蒸气等同起来。在另一个例子中，太阳在西方消失，在东方再次出现，也是这种智慧将消失和出现联系起来，寻找将这两种状态连接起来的轨迹——地球下方的空间。这正是理性和好奇心的智慧的结合。

其实，要想理解地球之下是什么都没有的空间，阿那克西曼德只用了一个简单的猜想，也就是当我们看到一个人从一侧消失在一所房子后面，然后又在另一边出现，那么房子背后一定有一条路让他经过。道理就是这么简单。

但事情如果真的如此简单，为什么在此之前的一代又一代人都没有想到这一点？为什么众多人类文明还是认为地球之下只有泥土？中国拥有着几千年的灿烂文明，可为什么中国人直到17世纪耶稣会士来华，才了解到这个事实？难道世界上其他地方的人们都很愚蠢吗？当然不是，那么这个问题究竟难在哪里？

地球悬浮在空间中的观点完全颠覆了人们设想中的地球形象，这就是难点所在。这个新观点是荒谬的、可笑的、难以理解的。最难的就是接受这个世界与我们曾经相信的世界是不一样的，尽管某些事物并不像它们表现出来的那样。抛弃我们熟悉的地球形象，这就是真正的困难。

一种文明想要跨越这个障碍，就需要处于这种文明之中的人们能够去质疑所有人所认为的真实。

第二个困难在于建立一个逻辑严密且可信的新形象来代替地球的旧形象。地球悬浮的事实与我们知道的所有东西都会往下掉的事实相悖，如果没有东西支撑地球，它就会向下坠落。那么，如果地球处于悬浮状态，它为什么不往下掉呢？

推断星星的运动，或者想象在地球之下有空间，这些都不困难。在中国或其他文明的天文史中也可能出现过这样的提议。但是在科学层面上，形成观点并不难，难的是将这些观点运用起来并收到实际效果，找到某种方法让它们融入、连接当时的世界，还要说服其他人相信这一切操作都是合理的。难的是拥有勇气和智慧去设想和描绘出一个完整严密的世界新形象[1]：你得想象地球悬浮在天空中——这让我们很容易理解星星在白天是如何运动的——但同时还得协调所有的东西都会往下掉落这个显而易见的事实。

这也正是阿那克西曼德的天才之处，他立刻回答出了"为什么地球不会向下坠落"这个问题。亚里士多德在《论天》一书中提到了阿那克西曼德给出的答案。在我看来，这是科学思想史中最闪耀的瞬间之一，地球不会坠落，因为它

---

1 和很多科学家一样，我家的信箱总是塞满了人们寄来的信和明信片，上面写着一些新的科学观点，还有独特和大胆的猜想。但是这并没有什么用。通常，各种观点会一而再再而三地出现，但只有一个观点是毫无用处的。早在公元前3世纪，阿里斯塔克斯（Aristarchus，约前310—前230，古希腊天文学家、数学家）就曾提出地球自转且围绕太阳公转的观点。哥白尼做出的贡献证明了这个观点是完全正确的，但是我们却把这场天文学革命归功于哥白尼，而不是阿里斯塔克斯。因为正是哥白尼证明了这个观点如何在现实中运作，并将其融入我们的知识体系中。也是他最先做出努力，让人们接受这个观点的。拥有观点很容易，难的是找到正确的观点并用各种论据证明它比现在流行的观点更好。谁知道有多少人曾经设想过太阳会从地球下方经过？然而，他们并没有因此改变人们对世界形象的认识。——作者注

没有一个特定的坠落方向。亚里士多德在《论天》中指出：

　　一些早期思想家，比如阿那克西曼德认为地球能够保持静止是因为它不受影响。因为当一个事物位于中心时，对它来说，所有的方向都是相同的，不管是向上、向下或是向侧面运动都没有意义；既然它不能向任何方向移动，那么它必然是静止的。这个说法十分巧妙……

　　这个论证非同寻常，而且完全正确。它到底在说什么？这个论据用"为什么地球应该向下掉"推翻了"为什么地球不会向下掉"。在圣希玻里那里，这个观点得到了更清晰的解读，下面是文献内容：

　　……地球是悬浮的，它保持静止，不受任何事物的控制，因为它到外缘各点的距离都是相等的。

　　在我们的日常生活中，有重量的物体会向下掉落，因为在这些物体周围存在一个巨大的物体——地球，它"掌控"它们，尤其决定了它们掉落的方向——朝向地球。相反，地球就没有一个固定的掉落方向。

　　物体掉落的方向不是绝对的下方（一个全宇宙都相同的唯一的方向），而是朝着地球的方向掉落的。因此，从"上"到"下"的意义就变得复杂、模糊了。绝对的方向是不存在的,但是,如果以指向地球的方向作为参考,我们还是可以说物体是"向下"掉落的,如图13所示。[1]希波克拉底(Hippocrates)[2]文集中有一篇日期不详的文章,这篇文章很有可能受到了米利都学派的影响,也对这一方面进行了清晰的解读。

---

1 让我们试着对这个尚存争议的论证进行更详细的解读。根据我们的经验,有一定重量的物体都会向下掉落。地球也是一个重物,为什么它不会向下掉呢?阿那克西曼德对此答道:"因为对地球来说,所有的方向都是相同的。"这也意味着在阿那克西曼德看来,对我们生活中所见的向下掉落的物体来说,各个方向都是不一样的。因此存在一个特定方向,而这个"特定方向"是什么呢?为什么地球没有这个"特定方向"呢?这个"特定方向"不是图13左图所示的"绝对下方",因为如果宇宙中存在这样一个完全"向下"的掉落方向,这也同样适用于地球,但是这个论据就没有任何意义了。因此只存在一种可能性:"特定方向"就是朝向地球的方向,就像图13右图所示的那样。在我们的日常生活中存在的事物就是向地球的方向掉落。需要注意,阿那克西曼德并没有表示地球就是物体掉落的原因(像牛顿的万有引力定律),也没有因为物体掉落的方向形成以地球为中心的放射状就认为地球处于宇宙中心(像亚里士多德认为的那样)。如果我们认可圣希玻里文章的翻译,那么论据就变得更加清晰了。地球不受任何事物的控制,这就意味着掉落的物体受到某种事物的控制,是什么呢?存在某一事物能控制所有我们所见的掉落的物体,然而它却不能控制地球。那么就只有一个合理的答案:这个事物就是地球本身。掉落的物体受地球控制,地球本身并不受控制。——作者注

2 希波克拉底(前460—前377),古希腊医师,西方医学的奠基人,他的医学著述中含有丰富的哲学思想和伦理道德观点。

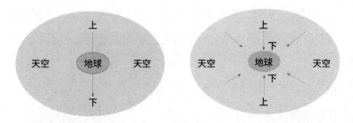

图13 阿那克西曼德的基本设想：宇宙并不像左图所示的那样，并不存在绝对的方向
（此处是从上到下）来定义物体的掉落。实际情况如右图所示，物体的坠落方向受
到另一个物体的影响（地球），决定了它掉落的特定方向（朝向地球）。

对在对跖点上的人来说，位于上方的事物变成了下方，
而在下方的事物则位于上方……它们都围绕着地球。

上和下的基本概念由物体掉落的方向决定，这构成了我
们对世界的经验认识，也是我们对宇宙的认识基础。在阿那
克西曼德构思的新世界中，这一切都被改变了。为了完成他
的革命，阿那克西曼德需要了解"上"和"下"的概念只是
我们日常的生活经验。这些概念并没有构成现实的绝对且普
遍的结构，也不是空间的先验结构，相对来说，它们适用于
地球表面。与地球本身的情况不同，物体向下掉落是因为它
们特定的掉落方向就是落向地球。

因此，是地球决定了上方和下方，也是地球决定了物体
掉落的方向。换句话说，上和下不是绝对的，而是相对地球

而言的方向。[1]

阿那克西曼德掀起的革命和许多其他科学思想革命有着共同之处。就像哥白尼和伽利略跨出的一步一样。地球会运动吗？它如何运动？它会不会停下来休息？不会，伽利略在继续并完成哥白尼革命后就理解了这一点，绝对的运动和绝对的静止都是不存在的。在地球上的众多物体中，一些物体相对于另一些物体是静止的，但这并不意味着它们构成的整体在整个太阳系中是静止的。和我们日常生活的经验相比，"静止"和"运动"的概念要复杂得多，之间的联系也密切得多。同样，爱因斯坦提出狭义相对论，他发现观察者处于不同的运动状态时，同时性——即"现在"的概念——也不是绝对的。

现在的我们很难理解爱因斯坦理论中的同时性这一概念的复杂程度，就像当时的人们难以理解阿那克西曼德宇宙观中的"上下"概念一样。尽管在今天，"上下"概念的相对性变得容易理解了，但是，对非专业物理研究者来说，同时性这一概念的相对性仍然晦涩难懂。原因只有一个，阿那

---

1 假设我们认为阿那克西曼德并没有理解上和下是相对地球而言这一事实，因为这是一个完全亚里士多德的概念。如果事实如此，那么阿那克西曼德对地球中心论的解释就显得荒谬了。另一个问题是术语顺序，但是我并没有能力进行这方面的研究，对此也没有特别的兴趣。我不认为阿那克西曼德能够设想出与我描述他的成就时相似的语言。但是今天我们也没有用牛顿的语言来谈论牛顿的贡献。一个观点的科学意义不在于它的形式。与语言的阐述相反，科学成果是可解读的。我将在第九章详细讲到这一点。——作者注

克西曼德掀起的革命发生在二十六个世纪以前，而爱因斯坦掀起的革命发生在近代。但其中思想认识的转变过程却是一样的。

另一个较为次要的不同点在于两种理论的发展程度。爱因斯坦对自身理论的发展建立在麦克斯韦（Maxwell）[1]高度体系化的理论以及伽利略和牛顿的理论机制之上，而阿那克西曼德的理论则完全建立在对天体运动的直接观察上。

阿那克西曼德的伟大之处就在于他几乎是"白手起家"，为了更好地解释这些观察结果，他对宇宙进行了重新设计。他改变了理解世界的方法，改变了空间的结构。数个世纪以来，人们对空间的理解在本质上被一种"所有事物都会向下掉落"的固定方向框住了。而阿那克西曼德发出了否定之声，他认为世界并不像我们所看到的那样，真实的世界是不一样的。因为缺乏经验，我们对地球的认识是极其有限的。观察和论证让我们明白我们对世界的运行进行了错误的推测。

我们面对着一轮振聋发聩的思想力量之潮，当然，它是完全正确的。一旦以严密的逻辑建立起关于世界的新概念——物体的掉落方向不是绝对的下方，而是地球的方向，人们就不再认为地球会向下掉落了。阿那克西曼德论证中的

1　麦克斯韦（1831—1879），英国物理学家、数学家，经典电动力学的创始人，统计物理学的奠基人之一。

关键点展现在这些文字中，即我们认为地球会掉落，是因为我们将这种想法建立在了不合理的推论之上。[1]

这个发展完善且建立在观察之上的论证将我们从错觉中解放出来，让我们抛弃片面和狭隘的观点，用全新的方式构建起对地球的新认识。这种方式更加高效，同时也有进一步改善的空间。从地球并不像一面鼓，而是一个球体，但也不是一个完全标准的球体；到地球也不是静止的，它处在运动之中；然后到地球会吸引物体，确切地说，一切物体都会受到地球的吸引；再到这种引力正是时空弯曲的表现……其中的每一步都跨越了数个世纪，但这是一个不断进步的过程。迈出的第一步是意义重大的，它开启了这个过程，颠覆了所有文明都认同的世界形象，建立起被天空环绕的球形地球，这就是古希腊文明和所有吸收其精华的其他文明的显著标志。

迪尔克·库普里指出了阿那克西曼德宇宙观中另一个根本性创新。天顶曾被看作世界在上方的边界。在人们看来，

---

1 这个论据拥有完美的科学性，但对哲学家和历史学家而言却是难以接受的。比如，我们会读到"我们要等到牛顿的时代，才得到了'为什么地球不会向下掉'这个问题的正确答案"。这是不明智的，牛顿的答案在何种意义上才是正确的？因为这是我们在小学就学习的知识，因为开普勒（17世纪天文学家、数学家，他的著作对牛顿影响极大，启发牛顿后来提出牛顿万有引力定律）已经过时，还是因为爱因斯坦还没有被写入教学大纲？人们认为是牛顿，而不是阿那克西曼德、亚里士多德或爱因斯坦最终解决了地球下坠问题，这是毫无道理的。——作者注

太阳、月亮和星辰是存在于同一片天顶上的物质实体，天顶是我们所在世界的"天花板"，分布在这上面的星体与我们之间的距离是相等的。阿那克西曼德在观察天空的时候，产生了不同的想法，他看到的不是一个穹顶式的"天花板"，而是设想不同天体和我们之间的距离各不相同。他看到了天空的深度，他提出了支撑星辰、月亮和太阳的"轮子"半径的数据，虽然这些数据并不具有他所赋予它们的科学价值，也不具有他所认为的意义。但是，我们从盒子内部的世界突然来到了完全打开的外部空间。这的确是一个概念上的崭新观点，其影响力也是巨大的。

在科学史上，另外一个也是唯一一个有着如此巨大影响力的思想认识革命，可能就只有哥白尼掀起的革命了。[1] 就像阿那克西曼德一样，哥白尼重新描绘了宇宙地图。就像阿那克西曼德掀起的革命一样，哥白尼革命为之后几个世纪的科学发展开辟了道路。

二者之间还有着其他共同点。哥白尼曾经在意大利学习，在这个政治分裂却有着丰富商业资源、向世界开放的地区，他沉浸在意大利文艺复兴时期灿烂活跃又丰富的文化之中。阿那克西曼德则处在年轻的希腊文明的文化环境中，各

1　在哥白尼之前，"revolution"一词的意义只是圆周运动，尤其是天体的圆周运动。哥白尼著作的题目就叫作《天体运行论》（*De Revolutionibus Orbium Coelestium*）。这本书完全颠覆了人们对世界形象的认识，"revolution"一词也带有了"巨大的颠覆"之意，有了"革命"的意味。——作者注

个方面都和文艺复兴时期很相似。

不过，二者之间还是存在极大的差异。在哥白尼之前，许多亚历山大和阿拉伯的天文学家已经做了大量认识和技术层面上的工作，哥白尼的理论就是建立在此基础之上。阿那克西曼德的理论则建立在他的同胞和老师——泰勒斯提出的问题和假设，以及他对天空的观察之上，除此之外，再无其他。他在材料如此匮乏的情况下，掀起了历史上第一次也是最重要的科学革命——地球悬浮在一个敞开的空间中。

最后，我想用查尔斯·凯恩的话来结束这一章。

尽管我们对阿那克西曼德的其他信息一无所知，但仅凭这位学者提出的关于地球位置的理论，就足以让他在世界自然科学的创造者中占据一席之地。

再加上伟大的奥地利科学哲学家卡尔·波普尔（Karl Popper）[1]的话语：

在我看来，阿那克西曼德的这个观点（地球悬浮在空间中）是人类思想史上最大胆、最具革命性、最惊人的观点之一。

1　卡尔·波普尔（1902—1994），当代西方最有影响的哲学家之一，其哲学体系的重点在于批判的理性主义。

第五章

不可见的实体和自然规律

Invisible Entities and Natural Laws

1 在大自然中是否存在着我们看不见的事物?

　　在哲学课上,我们学到历史上第一个哲学流派是爱奥尼亚学派[1],也就是泰勒斯、阿那克西曼德和阿那克西美尼(Anaximenes)[2]所属的学派。这些哲学家在找寻世间万物的"唯一本原",比如泰勒斯的水、阿那克西曼德的阿派朗、阿那克西美尼的气。当然,如果只有这些简单的介绍,我们什么也理解不了,甚至会自问就这样三个人是如何让哲学诞生的。现在,让我们为这个爱奥尼亚学派思想的简单骨架加上一些血肉,试着从科学的角度,更好地理解这三个先行的思想者提出的"唯一本原"。

1　也称米利都学派。

2　阿那克西美尼(约前585—前525),古希腊哲学家,米利都学派的第三位学者,认为气是万物之源。

泰勒斯：水

对于泰勒斯，我们所知不多。他游历过许多地方，而且和之后的阿那克西曼德一样，他也曾在米利都从政。他还提出了许多重要的几何定理，尤其是证明这些定理的方法。在认识层面上，他最重要的贡献是提出了研究世界本原（ἀρχή）的议题，即研究各种自然现象背后的本质。对米利都学派的哲学家来说，对ἀρχή一词真正含义的讨论方兴未艾。但这不是我要参与这场讨论的原因，因为在这方面我并不擅长。我想要在此提出一些思考，谈谈这个议题对此后科学发展的影响。

我认为从用法的角度来探究这个词的意义要比从词源入手更加恰当。就词本身而言，"本原"并没有太大意义。ἀρχή的含义也并没有在泰勒斯形而上学的立场下变得清楚明白，但观察泰勒斯做了什么，如何形成这一概念，却有助于我们了解它的含义。

他做的事其实非常简单。泰勒斯致力于将我们所见的无数自然现象用单一且本质的解释来进行建构，他尽力用简单的方式来理解大自然的运行。尽管泰勒斯设想的解释（一切是水）还显得粗浅幼稚，只能反映出这项研究最初的困难，以及第一次研究体现出的粗略简单的特点，但我们还是可以将他的研究视作科学研究。

泰勒斯很可能是受神话中的水和海洋的启发，得出了他最重要的基本观点。正如我所说，他将地球设想为一个漂浮在海洋上的圆盘。这个形象可能来自美索不达米亚地区。在古代世界流传着一种说法：不管我们去到何方，终将归于大海（环绕着所有沉没大地的河流海洋），或许这也与泰勒斯设想的地球形象有关联。《埃努玛·埃利什》的第二章提到，宇宙产生于阿卜苏神的混沌之水中。

《圣经·创世记》的开头写道：

> 起初上帝创造天地。地是空虚混沌，渊面黑暗；上帝的灵运行在水面上。上帝说："要有光"，就有了光。

在《伊利亚特》中，海洋是众神之父。这个观点可能比这部史诗的历史更加久远，甚至可以追溯到印欧人与美洲人分离之前，我们可以从美洲纳瓦霍人创造的神话故事的第一句话中窥见端倪：

> 神就是"无处不在的水"。

在神话中，一切都源于水，泰勒斯的观点可能就是从这里得到启发，但也有可能产生于他在巴比伦的旅行见闻。但是他对水的理解和宗教、神话没有任何关系。泰勒斯的水就是普普通通的水。尽管他最初的尝试过于简单，但已经表现出新兴自然主义方法论的成效，而且与神话拉开了距离。比如，泰勒斯认为地球漂浮在水面上，正是由波涛造成的地球运动导致了地震。

这一切都是简单粗浅的，而且存在诸多理论问题（地球是如何漂浮在水面的？），但仍然为阿那克西曼德绝妙的自然主义解释埋下了种子。

阿那克西美尼：压缩和稀释

阿那克西美尼在对世界本原的探索中将泰勒斯的水（以及我将在下面讲到的阿那克西曼德提出的阿派朗）替换为气，他的贡献并不是选择了"气"这个元素，而是尝试挑战泰勒斯和阿那克西曼德学说中显而易见的困难，并获得了成功。如果万物都是由水或阿派朗构成，那么它们是如何以各种不同的形态和内容存在的？一种原始的实体如何拥有不同特性？在他之后的亚里士多德用带有古希腊物理学语言特色的话强调了这个问题。他想知道同一种物质如何能够表现出时而轻、时而重的特性。

阿那克西曼德尝试回答了这个问题，答案在辛普里丘编著的文献中。这个答案是不同凡响的：

在阿那克西曼德看来，事物的产生并不是来自基础本原

的变化，而是来自无止境的运动中对立物的分裂。

对辛普里丘来说，对立物就是冷和热，干和湿，等等。当然，这个答案并没有很强的说服力。

阿那克西美尼致力于寻找一个更加合理的机制来解释一种物质为什么会存在多种形态。他有着非凡的洞察力，将这个机制定义为压缩和稀释。他提出假设，水是由气体压缩而成的，如果我们对水进行稀释，就能得到气体。土则是将水压缩后得到的产物，压缩还可以继续进行。在为世界结构寻找更加合理的解释这条道路上，我们又前进了一步。

在阿那克西美尼的压缩和稀释的观点的影响下，之后爱奥尼亚学派的哲学家又在此基础上增加了一小部分物质作为压缩的原始材料，以产生更多不同形态的物质。留基伯（Leucippus）[1]和德谟克里特（Democritus）[2]最早提出了原子论，原子在虚空中不断运动，这个概念的提出让压缩和稀释这个观点变得更加具体，也更容易理解了。

今天，我们都知道身边的所有物质都是由电子、质子和中子这三种微粒构成的。正是对这三种成分进行的不同程度的压缩或稀释，才产生了各种各样的物质形态。

这里要再一次说到，将古希腊科学和现代科学之间的这

1　留基伯，公元前5世纪的古希腊哲学家，认为万物由原子构成。

2　德谟克里特（前460—前370），古希腊唯物主义哲学家。德谟克里特是留基伯的学生，认为万物的本原是原子与虚空。

种相似性阐释为古希腊思想者们神秘的预知是愚蠢的。事实是，早期古希腊文明为认识世界而制定的基本版图被证明是正确的，二者间的关系就是这么简单。

阿那克西曼德：阿派朗

让我们再回到阿那克西曼德，他正好是阿那克西美尼前一代的科学家。什么是阿派朗？在阿那克西曼德看来，世界是否就是由这种物质构成的？

这个问题引发了广泛的讨论，各种观点主要游离在两种极端之间，这两种极端与"阿派朗"一词的两种意义相符，一种是无限或无尽，另一种是不定或不清。

再次重申，我不想详细讲解这次讨论，因为从我选择的科学角度看来，这个问题没有太大意义。举例来说，1894年，斯托尼（George Johnstone Stoney）提出"电子"这个术语，他选择这个词，取的到底是"电流的种子"之意，还是单纯就想表示"新的微粒"？前面提到的大讨论就像这个问题一样，没有任何重要性。真正至关重要的是介绍一种全新的概念，这个概念在斯托尼及其后继者的理论发展研究中扮演的角色，以及这个概念对认识世界所起的作用。如果斯托尼将这种新发现的物质命名为"皮波"（Pippo），而不是"电子"（或许是他正好想到了他的宠物Pippo，一只充满活力的小狗），那么历史也会沿着相同的轨迹发展。[1]同样，如果阿那克西曼德将他提出的世界本原命名为"皮波"，而不是"无尽"或"不定"，他提出的理论的意义仍然不会改变分毫。

那么，阿那克西曼德赋予阿派朗的理论意义究竟是什么？它不是我们日常生活中所见的物质，这是阿派朗的主要特点。

辛普里丘说道：

阿那克西曼德认为万物本原就是阿派朗。

辛普里丘还对此进行了评价：

万物的本原和组成要素是阿派朗，正是阿那克西曼德第一个提出了这个表示"本原"的名词。他认为这个本原不是水，也不是其他所谓的元素，而是另一种无尽的实在，存在的所有天空和世界都是来源于此……而且他选择了一个诗意的词来表示这个本原。在观察到四种元素（水、气、土、火）间的相互转换之后，他认为不把其中任何一个当作本原

---

1 事实上，在现代物理学中，和电子关系最近的粒子被称为"夸克"，这个术语是由默里·盖尔曼（Murray Gell-Mann）提出的，但这个词语本身其实并没有意义。——作者注

才是合理的。所以，他寻找到另一种东西。

阿那克西曼德提出在我们共同经验中存在的所有物质都可以包括在另一种物质中，在日常经验中，这种物质时而自然，时而陌生。在这里，最重要的出发点是解释世界的复杂性，想象和提出其他物质的存在是很有用的，这种物质不存在于我们的直接经验能接触到的物质中，却是所有物质的统一体。

一方面，米利都学派进行的思辨将大自然从传统的解读（比如超自然的神迹）中解放出来。可以说米利都学派创立的基础就是将"自然"这个概念作为认知对象。"Φύσις"一词就指的是自然，有可能就是米利都学派的起源。另一方面，我们需要深入研究其源头和结构：真理是可到达的，它是自然不可分割的一部分，但它又是深藏不露的。接近真理的方法就是观察和思考。终于，去想象大自然中全新物质实体的存在的准备已然做好，尽管我们无法直接察觉这种存在。

这正是之后的数个世纪中，科学理论发展的道路。从留基伯和德谟克里特的原子论到19世纪约翰·道尔顿（John Dalton）[1]的原子论，这些都是阿那克西曼德的阿派朗理论的直接延续。

---

1 约翰·道尔顿（1766—1844），英国化学家、物理学家，近代原子理论的提出者。

　　我再举一个例子，迈克尔·法拉第（Michael Faraday）为现代科学发展做出了巨大贡献。在19世纪中期，人们对电力和磁力的认识得到了充分发展，却总是缺乏对这些现象的统一认识。在进行了细致的实验研究后，迈克尔·法拉第发现了一个全新实体的存在，那就是"电磁场"。

　　电磁场像一个巨大的蜘蛛网，延伸到各处，但"蛛丝"却是看不见又摸不着的，我们将这些"蛛丝"命名为"法拉第力线"。电磁场中的电和磁会相互作用，产生电能和磁能。法拉第在他的著作中提出过一个问题：充满整个物理空间的电磁场是不是"真实"存在的？在一番思考犹豫之后，他建议将其看作真实的。至此，由在空间中相互吸引的粒子构成的牛顿宇宙被颠覆，一个全新的实体出现在世界上，那就是"场"。

　　几年后，麦克斯韦将法拉第的理论进一步深化，建立了严密的电磁场方程组。他提出光是在电磁场"蛛网"中快速传播的波动，而其中部分波长较长的电磁波则可以传输信号。赫兹（Heinrich Hertz）在实验室中证明了电磁波的存在。随后，马可尼（Guglielmo Marconi）在此基础上发明了世界上第一台无线电设备。所有的现代通信都建立在这次对世界的重新定义之上，而其中最重要的部分就是不可见的电磁场。

　　原子论、法拉第和麦克斯韦的电磁场、爱因斯坦的时空弯曲理论、燃素说[1]、亚里士多德的以太[2]、洛伦兹（Lorentz）的以太理论、默里·盖尔曼的夸克、理查德·费曼（Richard Feynman）的虚粒子、薛定谔（Schrödinger）的量子力学波函数，以及构成现代物理世界的基础——量子场，这些都是"理论实体"，虽然无法被人们感知，但是它们被应用于科学，让人们能够以整体和系统的方式理解这些现象的复杂之处。阿那克西曼德设想的阿派朗也扮演着这种角色，发挥着这种作用。

阿派朗理论是很简单粗略的，我们不能将其与麦克斯韦成熟详尽的电磁场理论或费曼的量子场理论相提并论。举个实际生活中的例子，当电视信号不好时，技术人员会向我们解释，因为有山的阻挡，电磁波不能完全被电视信号接收器接收。他正是用电磁波作为理论实体，让我们理解为什么会发生这一系列现象。这种概念架构有着具体的历史源头，即最早的理论实体——阿那克西曼德的阿派朗。

在人类历史的某个节点上，有一个人提出了一个观点：为了认识世界，我们假设一种全新的物质实体的存在是有道理的，尽管我们看不见它。这个人就是阿那克西曼德。从他开始，人类便从未停下想象的脚步。

1　起源于17世纪。这个理论假设火是由无数细小而活泼的微粒构成的物质实体，这种微粒叫作"燃素"，充塞于天地之间。

2　以太是古希腊哲学家亚里士多德设想的一种物质，在亚里士多德看来，物质元素除了水、火、气、土之外，还有一种居于天空上层的以太。

2 自然规律：
阿那克西曼德、毕达哥拉斯和柏拉图

在这里，我要再一次提到阿那克西曼德留下的唯一一段话，也就是辛普里丘曾提及的那段话：

> 万物的产生由它而来，万物的灭亡也归复于它，这源于必然性。因为万物遵循时间的秩序，将公平赋予彼此，互相补偿彼此间的不公平。

这段话传达出一个明确的观点：世界的变化发展并非偶然，而是由必然性控制，也就是说某些规律决定了世界的变化发展。第二个观点是这些规律按"时间的秩序"运作。这意味着在时间中也存在着一种规律，它确定了各种现象在时间中的发展和变化。

这些规律的形式还不明确，也难免会让人想到道德和法律规则。就我们目前所掌握的材料而言，阿那克西曼德并没有明确地说明其中任何一条规律。

在阿那克西曼德下一代的科学家、思想家中，出现了科学史上的另一个重要人物——毕达哥拉斯，正是他理解了这些规律的形式，理解了规律是通过怎样的语言表达出来的。毕达哥拉斯的观点源于米利都学派，他认为自然规律是通过数学语言表达出来的。在这个观点的引导下，毕达哥拉斯在阿那克西曼德的研究中加入了一个重要的材料，为阿那克西曼德模糊的规律概念提供了一个清晰的形式。

据记载，公元前569年，即阿那克西曼德去世之前的二十四年，毕达哥拉斯出生在米利都附近的萨摩斯岛[1]。公元3世纪的新柏拉图学派哲学家杨布里科斯（Iamblichus）所著的《毕达哥拉斯传》中提到，在18到20岁这段时间里，毕达哥拉斯曾到米利都游历，在那里见到了泰勒斯和阿那克西曼德。这段经历是他哲学生涯最完整的思想的源头之一。

杨布里科斯所言不一定完全可信，但是在古希腊贵族阶层的狭窄圈子里，像毕达哥拉斯和阿那克西曼德这样知识渊博，且生活在同一个时期、同一个地区的两位学者从未有过会面，这似乎是不太可能的。无论如何，在我看来，在展开各种游历之前，在去意大利克罗顿建立著名的毕达哥拉斯学派之前，年轻的毕达哥拉斯不可能不对他成果卓著的邻居——阿那克西曼德的观点产生浓厚的兴趣。二者在天文学

1　希腊第九大岛屿，港口城市，在古希腊时代是爱奥尼亚文化的中心。

研究上兴趣相近，特别是地球悬浮在宇宙中这一观点得到了两个学派的认可，我们几乎可以确定阿那克西曼德思想影响了紧随其后的毕达哥拉斯学派。

毕达哥拉斯提出世界可以用数学方法来解读，这个观点得到了柏拉图的认可、深化和大力传播，并将其作为他真理学说的支柱之一。柏拉图认为，在严格的毕达哥拉斯学说定义之下，数学语言就是理解世界的基础，对古希腊人来说，这种数学方法主要是几何。据记载，柏拉图在他建立的柏拉图学园的三角楣饰上刻下了一个著名的句子：

ΑΓΕΩΜΕΤΡΗΤΟΣ ΜΗΔΕΙΣ ΕΙΣΙΤΩ

不懂几何者不得入内。

尽管一些哲学史会强调柏拉图"违背科学"的某些方面，比如他对动力因[1]的解释进行批评，低估了观察相较于理性研究的重要性，但毋庸置疑的是，柏拉图在科学发展历程中扮演了重要角色。

在《蒂迈欧篇》这一文献中，柏拉图进行了一次具体的尝试，以实现用几何方式描述世界的研究计划。他用基本的几何图形重新解释了留基伯和德谟克里特的原子论，以及恩培多克勒的基本物质理论。从科学的角度来看，他的研究成

---

1 即事物的构成动力。例如建筑师就是房屋建成的动力因。

果算不上代表作，但这个研究方向是极好的。只有通过数学方法，我们才能成功且高效地描述这个世界。柏拉图第一次勇敢地尝试使用几何方法完全且定量地理解世界，但他错在忽略了时间这一重要元素。柏拉图致力于用数学方法来描述静态的原子。应该用数学来描述且可以进行数学化的，其实是事物在时间中的变化发展，这个概念正是柏拉图的研究所缺失的。此后，人们应该寻找的规律不再是空间几何规律，而是能够展现空间和时间二者关系的规律。这才是"遵循时间的秩序"描述未来变化发展的规律。我们可以用调侃的语气说，在这一点上，柏拉图应该好好复习一下阿那克西曼德的理论了。

年轻的开普勒也曾经犯过同样的错误，他第一次尝试用柏拉图这样的理论基础去理解哥白尼理论下的行星运行轨道半径，虽然他的论证简洁明了，却是完全错误的。在深入研究了哥白尼的著作后，他改正了错误，发现了行星运动三大定律，为牛顿的科学研究开辟了道路。

柏拉图并没有改正他的错误，但是抛开他个人在科学上的成就和失误，他提出用数学方法理解世界的科学研究理念还是产生了巨大的影响。在辛普里丘看来，柏拉图向天文学家们提出了一个无法回避的问题："我们应该为行星匀速且整齐的运动提出何种假设，才能理解它们的视运动？"从这个问题中诞生发展出了古希腊数理天文学，哥白尼、开普勒和牛顿的科学理论，直至现代科学。正是柏拉图坚持认为天文学应该且能够成为一门真正的数理科学学科。柏拉图开办的学园中聚集了同时代的大数学家，比如泰阿泰德（Theaitetos）。这位伟大的数学家和天文学家，同时也是柏拉图的朋友，在柏拉图学园中和学生欧多克索斯（Eudoxus）一起制定了关于太阳系的第一个数学理论。

二十个世纪之后，伽利略发现了一系列地球运动定律，这标志着现代数学物理的诞生。伽利略受到了毕达哥拉斯和柏拉图学说的直接启发，追寻隐藏在表象之下的数学真理，他能坚持这样的主张，应该归功于柏拉图。我们甚至可以这样认为，西方科学在很大程度上就是在实现阿那克西曼德、毕达哥拉斯、柏拉图的研究目标，即寻求规律，特别是隐藏在表象之下的数学规律。

但是，在数学定律成为决定自然现象的规律之前的数个世纪中，规律以必然的方式决定自然现象这一观点是完全缺失的。而这个观点就产生于米利都，极有可能就产生于阿那克西曼德的思想中。

在此后的几个世纪里，古希腊人致力于寻找规律，并且找到了很多规律。他们发现了支配行星在天空中运动的数学定律。伽利略受到阿那克西曼德、毕达哥拉斯和柏拉图的科学信念的鼓舞，发现了地球上物体的运动定律。之后，牛顿证明了天空中行星的运动规律和地球上物体的运动规律是相同的。[1]

---

1 指万有引力定律。

这是一条漫长的道路，也是一场伟大的冒险。阿那克西曼德认为世间存在规则，规则通过必然性来控制世界，这个观点正是这条道路和这场冒险的起点。在现代技术的基础上，伽利略和牛顿发现的定律恰好证明了物理变量是如何"遵循时间的秩序"，通过"必然性"进行变化的。

当反抗成为美德

Rebellion Becomes Virtue

我在前面已经讲到，在希腊传统中，泰勒斯被视为"古希腊七贤"之一。这七位贤者是历史上的著名人物，在希腊人眼中，他们都是各自思想和学说的创立者（与泰勒斯和阿那克西曼德同一时期的另一位贤者是梭伦，他制定了雅典第一部民主法典）。阿那克西曼德只比泰勒斯年轻11岁。我们忽略了二者关系的性质，特别是我们不知道像阿那克西曼德和泰勒斯这样的思想家的哲思是不是非公开的，在米利都是否存在一所"学院"，就像柏拉图学园和亚里士多德创办的吕克昂学园一样，聘请教师、接收学生、开展公共讨论、进行授课、举办讲座。一些公元前5世纪的文献描述了哲学家之间的公共辩论，那么在公元前6世纪的米利都是否也举行过这样的辩论呢？

　　我们将在下一章谈到，在公元前6世纪的希腊，阅读和文字已经从职业书吏的狭窄圈子中被解放出来，在大部分民众中传播，尤其是占据统治地位的整个贵族阶层。今天，每一个小学生都知道阅读和书写不是一件容易的事情。然而，在当时，文字远不像现在一样随处可见，因此语音就成了一项绝对的学习任务。希腊年轻人会在经验丰富的前辈的帮助下，用这样或那样的方法来学习朗读。尽管我没有找到这个主题的相关信息，但我认为在公元前6世纪的古希腊大城邦中，教师和小学老师或学校应该是存在的，这种设想是合理的。教学和知识研究的结合是现代大学和雅典传统哲学学院的显著特点，在公元前6世纪，这种模式已经得到确立。因此，在我看来，在米利都存在一所真正的"学院"，这个假设并不荒谬。

无论如何，有一个事实是很明确的，阿那克西曼德的思想理论建立在泰勒斯理论的基础之上。除了他们研究的相似性（对世界本原的研究、宇宙的形状、对地震一类的自然现象进行解释）之外，泰勒斯对阿那克西曼德的影响还表现在很多细节之上。尽管阿那克西曼德提出地球是悬浮的，但他仍然认为地球的形状是圆盘形，这和泰勒斯设想的地球形状是一致的（泰勒斯认为地球是漂浮在水面上的圆盘）。泰勒斯和阿那克西曼德在知识上的联系是非常紧密的，后者的思想就诞生于前者的思想中，并在此基础上不断发展丰富。在某种意义上，泰勒斯就是阿那克西曼德的老师。

因此，仔细研究泰勒斯和阿那克西曼德之间紧密的知识联系和知识传承就变得非常重要了，因为这是理解阿那克西曼德在思想史上所做贡献的关键。

古代世界有许多伟大的思想家，还有他们的弟子。这会让我们想到孔子和孟子，摩西和约书亚[1]、所有的先知，耶稣和使徒保罗，释迦牟尼和阿若憍陈如[2]……但是泰勒斯和阿那克西曼德之间的关系却和这几对伟大的师徒大不相同。孟子丰富且深化了孔子的思想，但是他并没有对孔子的观点提出任何质疑。使徒保罗构想了基督教的理论基础，但他并没有对耶稣的教导提出批评和讨论。众多先知加深了上帝耶和华与他的子民之间的关系，但绝对不是建立在分析摩西所犯错误的基础上。

面对老师泰勒斯留下的知识遗产，阿那克西曼德采取了一种全新的态度。他完全投入泰勒斯研究的问题中，理解他主要的思想、思考方式和知识成果。同时，他也首先批判了老师的观点。他对泰勒斯所有的论断展开讨论。泰勒斯认为世界是由水构成的，阿那克西曼德却认为这是错误的。泰勒斯认为环绕着地球的水产生波动，由此引发了地震，阿那克西曼德认为这也是错误的，他提出地震是由地球上的裂缝引起的。除此之外，还有很多例子。下面是西塞罗的看法，他并未隐藏自己的困惑。

泰勒斯认为万物由水构成……但是，他并没有说服他的

1　《圣经·旧约》中的人物，继摩西之后成为以色列人的领袖。

2　佛教五比丘之一，在释迦牟尼僧团中最年长，常居上座，有"圣首"之称。

同胞和朋友——阿那克西曼德。

在古代世界，批评思想并不是完全缺失的。我们可以读一读《圣经》，其中巴比伦的宗教观念就被激烈抨击，比如马尔杜克是"伪神"，他的祭司都是"魔鬼"，应该被处死，等等。在古代世界，就像对老师教导的全盘接受一样，批评也是存在的。但是在批评和接受之间，没有中间地带。阿那克西曼德后一代的学者，比如毕达哥拉斯学派，他们比米利都学派更加因循守旧，对毕达哥拉斯的思想推崇备至，完全不会用批判的眼光来看待它（"武断之言"[Ipse dixit]这个表达就来自毕达哥拉斯，意思是如果毕达哥拉斯发表了某个观点，那么它就会成为真理）。

毕达哥拉斯学派的学者完全接受毕达哥拉斯的观点，甚至顶礼膜拜。孟子对孔子，使徒保罗对耶稣也是如此，这是第一种态度。第二种态度则是完全抛弃与自身观点有区别的一切思想。在这两种态度中间，阿那克西曼德开辟出第三条道路。阿那克西曼德对泰勒斯的尊敬是毋庸置疑的，泰勒斯获取的知识成果也是阿那克西曼德理论的基础。但是，他会毫不犹豫地指出泰勒斯的错误和他有待提高的地方。孟子、使徒保罗、毕达哥拉斯学派的学者都没有意识到这第三条狭窄的道路才是通往知识的道路。

正是发现了第三条路的作用，现代科学才发展起来。这是一种含蓄而复杂的认知理论，在这种理论下，真相是可以到达的，但是要经过一个循序渐进、去粗取精、去伪存真的过程，只有理解了这种理论，才能找到第三条路。柏拉图明白这个观点，真理隐藏着，但是经过无比虔诚的长期观察、讨论和取证之后，我们就能够揭开真理的面纱。柏拉图学园正是建立在这种观念的基础上，亚里士多德的哲学学校也是如此。亚历山大学派天文学的发展也是建立在对老师所提假设的不断质疑之上。[1]

第一个踏上第三条路的人就是阿那克西曼德，也是他最先提出和实践了现代科学的基本信条：深入学习前人的理论，理解他们的知识成就，化为己有，利用获得的知识，指出错误，再进行改正，更好地理解这个世界。

再看看现代伟大的科学家们，他们不正是这样做的吗？哥白尼并不是某天早上起床，就突然萌生出太阳是行星系统的中心这个观点的，他也没有认为托勒密设想的行星系统就是完全错误的[2]。如果他这样做了，那么他就可能无法建立起全新的太阳系数学模型，也没有任何人会相信他，哥白尼革命也永远不会发生。相反，哥白尼惊叹于托勒密在《天文学大成》一书中总结的亚历山大学派的天文学成就，并对此

1　托勒密的天文学理论是建立在对亚里士多德物理学理论的顶礼膜拜之上，这个广泛传播的观点是完全错误的。托勒密主要的理论贡献在于提出了"偏心匀速点"，这其实完全违背了亚里士多德（或柏拉图）提出的行星运动原则。托勒密理论下的行星并不是在做匀速圆周运动。——作者注

2　但是现在很多教材却这样写。

展开了深入研究。他赞赏亚历山大学派采用的高效方法，并将它们化为己用。同时他反思托勒密的思想，看到其局限之处，最后找到方法来拓展其深度，这就是哥白尼的成功之道。在某种意义上，我们可以说哥白尼是托勒密的"儿子"，他的著作《天体运行论》无论是在结构上还是风格上，都和托勒密的《天文学大成》极其相似，几乎就是修改后的再版。托勒密是哥白尼尊为老师的科学家，从他身上，哥白尼学到了许多知识。但是为了更进一步进行研究，就必须指出托勒密的错误。而托勒密犯下的还不是细节上的错误，他错在最基础的假设，这些假设看似坚不可摧，但其实是错误的。就算托勒密在《天文学大成》的开篇用极具说服力的长篇大论证明地球是静止不动的，且位于宇宙中心，还是难以掩盖其错误的事实。

爱因斯坦和牛顿之间的关系也是如此。举一个更简单的例子，当代无数的科学文章都存在对前人文献的阐释和引用。科学思想的力量核心其实就是对前人的假设和成果不断质疑。然而这种质疑的前提是深入认识和理解前人成果的价值。

这就涉及一种微妙的平衡，它不明显，也非自然形成的。就像我说过的那样，人类有文字记载的前一千年的哲学思辨都已经过去。而这个微妙的平衡点，延续和扩展着这条批判之路，在人类思想史上，这个平衡点就诞生在阿那克西曼德对老师泰勒斯所持的立场中。

这种批判的观点很快就有了追随者。阿那克西曼德已经是它的践行者,并在前人的理论上提出了更加丰富的修正后的理论。批判之路就此开辟,踏上这条路的行者络绎不绝:赫拉克利特(Heraclitus)[1]、阿那克萨戈拉(Anakesagela)[2]、恩培多克勒、留基伯、德谟克里特……每个人都在观点多元化、互相批评方兴未艾的背景下畅谈他们对世间万物本质的看法,而对粗心的旁观者来说,这种互相批评只是不和谐的音调。其实,这正是科学思想的胜利,是探索各种类型的思想的开端。我们在学校里学到的所有东西,以及我们对这个世界的所有认识都始于这场探索。

在传统观点看来,尽管在数个世纪里,中国在许多方面都占据了世界领先地位,但发生在西方的科学革命却从未在中国发生过。因为在中国人的思想中,老师绝不会成为质疑和讨论的对象。中国思想通过不断丰富和深化得到自我发展,而不是通过质疑知识权威的方式。我认为这是一个合理的假设,除此之外,我也找不出其他解释来解读这样一个让人难以置信的事实——拥有辉煌文明的中国人在耶稣会士来华传教之前,还不知道地球是球体。可能是中国没有阿那克西曼德这样的人。不过,即便有,他也很可能被皇帝砍掉脑袋。

1　赫拉克利特(前540—前480),古希腊哲学家。

2　阿那克萨戈拉(前500—前428),古希腊哲学家、科学家,他首先把哲学带到了雅典,影响了苏格拉底的思想。

文字、民主和文化融合

Writing, Democracy, and Cultural Crossbreeding

在前面几章中，我提到过一个论点：科学方法论中有很重要的一部分来自米利都学派，特别是阿那克西曼德的思想。第一次运用理论术语，自然规律以必然的方式决定各种现象在时间中的变化发展，在知识研究中将对前人理论的尊敬和批评结合起来，世界并不像我们设想的那样，这些创举和见解都源于主张自然主义的米利都学派。为了更好地理解这个学派，我们需要从深层上为它重建一个更全面的形象。

在世界历史上，以上提到的一切都同时出现，而且几乎是突如其来的，这似乎很让人震惊。为什么是这样一个具体的时刻？为什么是公元前6世纪？为什么发生在希腊？为什么在米利都？只要掌握几个要素，我们就能够回答这些问题。

1 古希腊

我已经提到过，在所有掌握文字的古代文明中，公元前6世纪的希腊在政治结构上进行了彻底的革新。这种彻底革新不仅是相较于古埃及、美索不达米亚地区和广义上的中东地区，还相较于希腊本身的政治和社会结构。

在阿那克西曼德之前的近一千年，希腊已经拥有了非常灿烂的文明，特别是在公元前16世纪到公元前12世纪期间的迈锡尼、阿尔戈斯、梯林斯、克诺索斯等中心城市。史诗《伊利亚特》中传唱的事件大约就发生在这个时期（尽管这部作品完成的时间可能稍晚于这个时期）。在希腊人的记忆中，这是一个无比辉煌灿烂的时代。

在今天，这个文明被称为"迈锡尼文明"，更确切的说法是"爱琴文明"。迈锡尼是考古学家发现的第一座遗址，但它并不是这个文明的主要中心。爱琴文明为我们留下了宏伟的宫殿、大量墓葬遗址，还有精美的壁画（图14）和手工制品。

从公元前1450年起，迈锡尼王国统治了这个千年文明的摇篮克里特岛。公元前14世纪到公元前13世纪，迈锡尼王国迅速扩张，希腊人取代克里特岛人，在东地中海占据了统治地位。他们征服了罗德岛、塞浦路斯岛，然后是莱斯博斯岛、特洛伊和米利都，最后到达腓尼基、比布鲁斯、巴勒斯坦。

迈锡尼文明继承了克里特文明的文字，这种文字被称为"线性文字B"，和古希腊文字完全不同。我们可以在下面的图15中看到线性文字B。

对线性文字B的释读是最近几十年才完成的，它为我们打开了研究迈锡尼文明的窗户。由此得出的结果是出乎意料的：迈锡尼地区的社会和政治结构更接近于美索不达米亚地区，而不是之后几个世纪出现的古希腊。

图14 《迈锡尼女神》

公元前13世纪的迈锡尼壁画。表现了一位正在接受祭品的女神。

图15 公元前13世纪的泥板，上面刻有线性文字B。收藏于雅典
国家考古博物馆。右侧泥板刻有关于一份羊毛订单的信息。

实际上，迈锡尼社会是在宏伟的"宫殿"周围组织起来的，国王和他的亲眷、顾问们就住在宫殿之中。国王被看作神或半神，在诸神和臣民之间扮演着中介者的角色。他集中掌握了所有的政治和宗教权力。宫廷是政治、经济和组织中心，也是财富和权力的聚集地。宫廷集拢整个国土上的产品，鼓励贸易往来，将商业交流扩展到一些遥远的地区。来自迈锡尼的物品甚至出现在爱尔兰。宫廷有着结构化的管理模式，文字在其中扮演了重要角色。职业书吏[1]掌握着文字的使用。他们的档案中记录了关于农业生产、畜牧、各种职业的从业人员数量（每个人都需要向宫廷交纳原材料、贡献劳动力）、私人奴隶和王室奴隶、宫廷向个人和集体征收的各类赋税、每一个村镇应该服兵役的男子数量、武装团体、献给神的祭品、应收的贡品等各类信息。个人是不能擅自行

1　此处的书吏更偏向于进行记录和计算，在社会生活的各个方面进行管理和监督。

动的，所有的周转交流都要经过宫廷这一中心。这正是美索不达米亚地区的政治和社会组织形式。

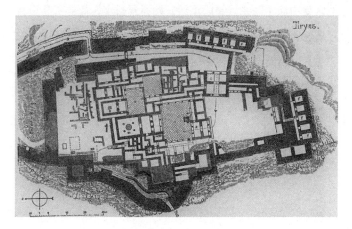

图16　梯林斯宫殿平面图

　　在即将进入下一个千年之时，迈锡尼文明覆灭了。其中原因仍然不得而知，传统解释认为迈锡尼的灭亡是由于"多利安人的入侵"。随之而来的是长达几个世纪的"希腊黑暗时代"，其间没有任何文明的迹象，也没有宫殿遗迹、相关的物品和文字记载。商业贸易被摧毁，人们的生活水平很有可能疾速下降。

　　我们能够想象，在这段时期经济和社会困难的压力下，希腊人被迫开始迁移，在小亚细亚、黑海周围地区、意大利和其他地方建立起殖民地。

　　公元前8世纪到公元前7世纪，也就是阿那克西曼德出生的前两个世纪，希腊黑暗时代逐渐结束。腓尼基商人重新联结起希腊和中东地区，从迈锡尼王国覆灭时起，这两个地区就中断了联系。希腊重新开始积累财富，商业贸易重新开展起来，短时间内重新恢复活力，人口数量快速增长。农业生产从自给自足的阶段进入农业商业化阶段，葡萄、橄榄等作物的种植数量增加。殖民地系统和商业成为希腊的繁荣之源。关于这一时期的考古遗迹和文字记载也越来越多。但是，人们使用的文字不再是迈锡尼文明的线性文字B，而是一种以腓尼基字母为基础的全新文字。

2　希腊字母

事实上，商业贸易的发展和腓尼基有着紧密的联系，在很长一段时间里，腓尼基人掌控着地中海的海上贸易。得益于这种联系，希腊人学到了腓尼基字母，并在之后将其改造成他们自己的语言。在这场改造的过程中，发生了一场值得我们注意的变革。

希腊字母和腓尼基字母看起来很相似，但其实不一样。这两种语言的字母数量都不超过三十个，基本字母也都相同，但语言的运作却有很大不同。腓尼基字母系统是辅音字母，也就是只有辅音能够被书写出来。所以这句法语 "L'alphabet phénicien est consonantique: seules les consonnes sont écrites" 如果用辅音字母书写，就变成了 "Llphbt phncn st cnsnntq sls ls cnsnns snt crts"。

要想读出这样的文字，需要对说话者所讲的内容有清晰明确的概念，并且得知道各个辅音字母群指代了哪些词汇。这种语言系统在一个相对狭窄的语境下能够很好地运作，比如会计或商业谈判记录，但是如果在更加宽泛的语境下，这种语言就变得很不实用了。

辅音字母文字看起来也许荒谬，但是和之前的各种文字相比，比如公元前4世纪就开始在美索不达米亚地区传播的楔形文字和古埃及的象形文字，这种文字已经代表了巨大的进步。

楔形文字和象形文字，除了一些表示语音的元素之外，是通过几百个不同的符号进行运作的。因此，必须知道每一个词，才能将其书写出来，或者在一篇文章中将它认出来。这就需要很强的鉴别能力，而想要获得这种能力，长年累月的学习积累是必不可少的。书写就成了职业书吏的特有技能。在久远的古代，国王和王公贵族们既不识字，也不会写字。[1]

腓尼基语言的辅音字母系统极大地简化了书写的难度，这很有可能是为了满足商人群体对效率和灵活性的要求。

不需要几百个符号，二十几个字母就足够了。每个词中的辅音音素的顺序决定了字母的组合，字母的组合又以巧妙和高效的方式让书写自成体系。但仍然需要一种特殊的技巧来从辅音重建词语。阅读一篇文章不是一件易事，不像说话那样在一心二用的情况下也能完成。掌握文字的书写和应用是学习中不可缺少的一环，但是也只有极少数人能拥有这样

1　汉穆拉比可能是其中一个值得注意的特例，他的许多文书都是亲自手写的。而十五个世纪之后的查理曼大帝仍然不会认字和写字。——作者注

的学习机会。

大约在公元前750年，差不多是阿那克西曼德出生的一个世纪之前，古希腊人将腓尼基字母进行改造，化为己有。他们也因此遇到了一个关键问题，印欧语系的语音要比闪米特语族的语音更加简单，希腊语的辅音字母数量要少于腓尼基语。时至今日，法语和意大利语的辅音数量仍然比阿拉伯语要少，我们认为阿拉伯语中有各种不同的喉音。腓尼基语中的一些辅音字母发音在希腊语中并不存在，因此这些字母就没有了用处，它们是：α、ε、ι、ο、υ、ω。

某个古希腊人突然有了一个想法：用这些字母来代表元音。腓尼基语只用同一个字母β来表示不同的辅音音素：ba、be、bi、bo……现在加上元音，这种不同的语音就可以在书写上得以区分，可以写为βα、βε、βι、βο……这种变化看上去微不足道，却改变了世界。

人类历史上第一套完整的语音字母体系就此诞生。相较于之前的困难语言，阅读和书写希腊语就像孩子的游戏一样简单。人们只需要认真听每个音节的读音，然后按照辅音和元音的组合进行拆分，就能够写出相应的文字。同理，人们只需要拼读写出来的字母组合，比如"b""a""ba"，就能够读出一个词语，这是我们在小学就学会的方法。即使不懂这些词的意思，我们仍然能够逐字逐句地读出一篇文章。

这也是第一种能够用文字保存人类声音的技术。为什么这个看上去如此简单的文字改革要等到希腊人来完成呢？文字的应用已经有四千多年的历史了，在这段漫长的时间里，难道就没有一个人想到这种方法吗？表音文字是一个很好的选择，这难道不是很明显的事实吗？

我也回答不出这些问题，但是下面的思考可能会有一定的意义。如果表音文字的合理性如此明显，为什么法国、英国、美国和中国还在坚持使用违背表音文字规则的语言呢？（想象一下在法语中，我们写字母"e-a-u"来表示一个发音为"o"的词……在汉语中，表音的元素则更少。）很明显，人的思维定式要比任何一种"常识"更加强大。我们可能需要一个思维如白纸一样，没有受过教育的族群，才能够从更加合理的基础上重新对此进行思考。

或者是一个曾经在五个世纪以前掌握文字、现在已经失去文字书写的能力，但还留存着一定记忆的族群。这个族群会用一种开放的态度去看待周边族群的文字，能够立刻认识到这些文字的价值，却不会被这些外来的、难以理解的神秘技术征服。

我们可以想象，在公元前7世纪，《伊利亚特》中唱诵的传奇文明的遗迹上还存留着古老的迈锡尼文字铭文，一个聪明的商人或一个希腊政治家常常看见这些文字，他们可以由此了解到他们的祖先在古代写下的辉煌。当他们通过文字和腓尼基书吏建立起联系，就会明白这种技术的用处和重要益处，但不会因此觉得自己必须以一种无可指摘的方式将它所有的细节都复制下来。

希腊语对腓尼基字母的改造非常合理，设计也很巧妙，我觉得这不是一次偶然改造产生的结果，而是一次有意识的文化改造。自然而然形成的变革则很少导致前后一致、没有任何例外的结构。我认为希腊字母的规则可能是以腓尼基字母为基础，在"圆桌讨论"中决定出来的。据我所知，另一种，也是唯一一种使用完全表音的文字来进行运作的语言是世界语，这是人造语言的典型例子。而在古典时代，雅典人就已经规定了字母"η"的用法。

无论如何，在公元前7世纪中期，尚处在发展中的希腊世界已经拥有了人类历史上第一套真正的表音字母系统。

在古代社会，文字是专属于书吏的能力，关于文字的一切知识都被小心翼翼地当作秘密。下面这块在尼尼微出土的楔形文字泥板（图17）就是讲述这种"秘密知识"的例子。

来自天空的秘密泥板啊，只属于伟大神明的知识。你不应该被四处传播！

书吏只能把它教给他最爱的儿子。如果教给另一个来自巴比伦或博尔西帕[1]的书吏，或者随便哪个人，都是对纳布和尼萨巴（掌管文字的神明）的亵渎。

纳布和尼萨巴不会让四处传播知识的人成为老师，他们会让他堕入贫穷和困苦的境地，最后让他死于水肿！

1　伊拉克古城，位于今伊拉克幼发拉底河东岸西南方。

图17 "秘密知识"泥板（藏于大英博物馆）

传播知识、简化文字的书吏们会得到什么好处？以失业告终吗？普及文字的君主又会得到什么利益？像某些古希腊君主一样被驱逐吗？

很显然，在之后的数个世纪里，保守知识的秘密这一观念从未在希腊地区消失。在毕达哥拉斯学派，甚至在之后成为知识中心的亚历山大仍然存在这种观念，很大一部分原因来自军事。在古代，马赛这座城市因为掌握了隐藏军事技术秘密的方法而闻名。这种政策在今天仍然存在，比如美国国防部就对其科研成果严格保密。但是，在一个没有书吏、大领主、宫廷和神职等级的希腊，却诞生了一种非但不是秘密而且还完全公开的知识。

隐藏在楔形文字泥板中的秘密，如今的五角大楼仍然保守的机密，这些秘密和阿那克西曼德开放的态度之间相隔着多么遥远的文化距离。他开辟了科学之路，将他所有的知识用散文的形式写成一本书，让每个人都能够阅读它，将知识化为已有，更重要的是去批评它，就像他批评泰勒斯一样……

在公元前7世纪和公元前6世纪的希腊，文字变得足够简单，大部分人都能接触到它，这是人类历史上第一次出现这种情况。知识不再是专属于书吏群体的财富，而成为一个庞大统治阶层的财富。在此后不久，萨福、索福克勒斯（Sophocles）[1]和柏拉图就完成了众多不朽的作品。

1　索福克勒斯（约前496—前406），古希腊三大悲剧作家之一。

3 科学和民主

啊！生命是如此的短暂！

我们活着，就要将国王踩在脚下……

——莎士比亚《亨利四世》

在希腊黑暗时代结束之际，一种非常独特的文明出现在世界面前。这种文明和它之前的迈锡尼文明截然不同。恢宏的宫殿消失了，被视为半神的君主也消失了。在政治和文化都得到重生的希腊，再也没有中央集权，没有强大的教会，没有权威的神职团体，也没有所谓的圣书。

人们第一次提到希腊城邦，它就像一个自治实体，能够独立做出决定。这些决定都是由所有市民通过自由讨论和直接参与做出来的。

希腊城邦的政治结构各不相同，而且极其复杂：君主制度、贵族政治、僭主政治、民主政治。政党之间相互竞争，还有各种法典，比如梭伦法典和修订后的梭伦法典。总之，人们对政治管理不断质疑。在希腊城邦中，市民阶层的数量众多，其中很大一部分人已经掌握了阅读和书写的技能，他们讨论建立政治结构的方式，对重大事件做出最理想的决定。

公共生活已经从君主和神明那里来到市民手中，伴随着公共生活的非神圣化和世俗化，知识也进入了一个非神圣化和世俗化的阶段。阿那克西曼德用来理解宇宙的规律与城邦市民为了合理自治而寻找的规律，这二者的道理是相通的，它们再也不是神定下的规律——并非一旦决定就不能更改，而是能被不断讨论的规律。

从古巴比伦的《埃努玛·埃利什》到赫西俄德的《神谱》，其中体现出的古老宇宙观都是由原始神话构成的，宇宙秩序由一个伟大的神来制定，比如马尔杜克和宙斯。在经历了很长一段时间的混乱和斗争之后，这位神明获得了最后的胜利，制定了一套总的秩序，这既是宇宙秩序，也是社会和道德秩序。赫西俄德的《神谱》就是一首歌颂万物的创造者和管理者——宙斯的赞歌。这种秩序的产生和发展都是围绕着神和君权进行的，这是文明发展最初的保证和推动力。

当希腊城邦的市民们驱逐君主时，当他们发现一个高度文明的集体不需要一个代表神的君主时，当他们发现没有君主城邦仍然可以繁荣发展时，他们对世界秩序的理解就从对创世神和命令者的臣服中解放出来了，也因此开辟了理解世界、治理世界的新道路。

建立民主的政治结构意味着接受如下观点：第一，最正确的决定一定是通过所有人的讨论得出的，而非来自一个人的权威；第二，对各种提议展开公共批评才能够提炼出其中最好的一种；第三，人们可以提出论据，最后得出一个共同的结论。这些观点同时也是知识科学研究的基本原理。

科学诞生的文化基础也是民主诞生的基础，同行之间进行互相批评和讨论会带来更好的效果。阿那克西曼德就曾公开批评他的老师泰勒斯，这种做法只是将米利都公共广场上经常发生的事情应用到了知识领域。不要用一种顶礼膜拜的方式来赞颂神明、半神、领主，而要批评权威的观点。这并不是不尊敬的表现，而是一种为众人接受的观念：更好的提议永远存在。

希腊人在荷马的诗中找到了他们的文化身份，这些诗歌颂了他们过去的辉煌。但是作为描写对象，荷马笔下的诸神不是特别可信，也不是非常威严。因此，有评论说"再不会有比《伊利亚特》更加弱化宗教的诗了"。在这样一个没有中心、没有强神的世界，通向另一种思想的门户被打开了。

新的社会和政治结构与科学思想诞生之间的关系已经很清晰了。二者的共同点也一目了然：世俗化。规律、前人的观点不一定就是最好的。最正确的决定来自讨论，而不是君主的权威，更不会产生于对传统的顶礼膜拜中。对某项提议进行公共批评能够去其糟粕。人们可以提出论据，最后得出一个共同的结论。

从某种意义上来说，这正是对科学方法的"大发现"。有人提出一个观点、一种解释，接下来，人们认真看待、思考和批评这个观点，修正之后提出另一个新的观点，再将其与前一种观点进行比较。出人意料的是这些过程都会朝着一个方向发展。因此，一群人总是会达成一个共同的信念，或是绝大多数人都认可的信念，这就是一个有效且共同的决定。

知识领域的"大发现"则是为批评提供自由的空间，允许质疑，让每个人都能发表自己的观点，认真对待每一个提议。这并不是没有价值的不和谐，相反，批评能让我们排除不正确的假设，从而得出更好的观点。

但是这一切并未延续下来。几个世纪之后，罗马帝国又让权力集中到一个人手中，基督教又将知识送回了神的手中。君权和教权的结合形成了神权政治。

人们曾经在几个世纪的时间里摆脱过神权政治。在阿那克西曼德所处的时代，米利都是独立的，只和其他几个爱奥尼亚城邦结成了联盟。这个联盟不会介入某个城邦对其他城邦的管理中，但是会划定一个公共区域，在涉及利益或需要做出决定时，就会在此进行讨论。爱奥尼亚联盟的成员举行的集会可能就是世界历史上最早的"议会"之一，很有可能它就是最早的"议会"。当一群人用议会代替宫廷的时候，他们观察周围的世界，从宗教神秘思想的黑暗中解放出来，开始理解我们生活的世界如何运转。地球不是一个巨大的圆盘，而是一颗悬浮在空间中的石子。

4 文化融合

在公元前6世纪，米利都是最富裕、最繁荣的城邦之一，但绝不是唯一一座。让我们回到之前提过的问题：为什么在米利都？可能对于这类问题，我们不需要去找太具体的答案，只需要找到显而易见的重要因素就可以了。

米利都是希腊在中东各个帝国面前的最后一个前哨地区，这座城市和繁荣的吕底亚王国保持着紧密的联系，吕底亚王国是推行货币政策的先行者。米利都和美索不达米亚地区进行贸易往来，还在埃及有一个类似于贸易中转站的海外城邦[1]。从黑海到马赛，都有米利都建立的殖民地。总之，很明显，米利都是希腊城邦中最开放的一个，尤其体现在它对各个古代帝国和这些帝国数个世纪的文化的开放态度上。

文明相互交流融合才会更加繁荣，文明相互孤立则会日渐衰落。文化大繁荣发生的时间总是和不同文明间伟大碰撞

1　即前文所提到的瑙克拉提斯。

的时间相吻合。当阿拉伯的知识来到欧洲,意大利的文艺复兴开始兴起。当古希腊与古埃及和古巴比伦的知识相遇,在亚历山大大帝曾经走过的亚历山大港和巴比伦城的街道中,伟大的亚历山大科学时代就此开始。当古罗马吸收了古希腊文明的精华之时,古罗马诗歌开始繁荣发展,尽管当时以老加图(Cato the Elder)[1]为代表的保守势力想要保持意大利文化身份的纯洁性,徒然地极力反对学习古希腊文化,但还是无法阻挡这种趋势。如今,这种坚持文化纯洁性的观念仍然存在,持这种观点的人因为"其他人"的到来而感到害怕,这无疑是愚昧的。

大约在公元前4000年,苏美尔地区诞生了人类文明。随后出现了文字,这很有可能源于苏美尔文化和阿卡德文化之间的交流。事实上,我们现在所知的最古老的书面语言其实是两种:苏美尔语和阿卡德语。从我们拥有的所有楔形文字泥板来看,其中最古老的一部分就是苏美尔-阿卡德语词典……除此之外,文化交流融合的例子数不胜数。

这些都说明希腊城邦这一政治组织形式是真正的创新。我不知道印欧部落或世界其他地区的其他游牧部落此时是否仍然是中央集权的政治结构,权力掌握在被视为神的君主手中。但很有可能不是,这种由自由人构成的群体掌握权力的

---

[1] 老加图(前234—前149),罗马共和国时期的政治家、演说家,曾任共和国执政官。

模式可能在希腊城邦出现之前就存在了。几个世纪后，塔西佗（Tacitus）[1]就曾提到在一些日耳曼部落中存在这种组织模式。我个人很难想象，由自由人构成的群体掌握权力的模式起源于希腊城邦。在希腊城邦模式中，真正的创新并不是自由人共享权力，而是这种权力结构与地中海世界神圣君主的宫廷中积累的文化财富的结合。这种结合为希腊带来了文字、成体系的天文观察、数学基础知识、神庙建筑……更让希腊人学会了用更有远见的方式进行思考。

米利都就是新兴的古希腊文明与古老的中东文明相遇的地方。据记载，泰勒斯曾经去过巴比伦和埃及游历，他在埃及测出了金字塔的高度。这是一个多么典型的例子，古希腊新兴的几何思想与古老的埃及传统相遇了。在希罗多德的记录中，从理论来看，梭伦是"因为好奇"才外出游历的。至于阿那克西曼德的旅行经历，前人只记载了他曾去斯巴达和位于黑海沿岸的米利都殖民地阿波罗尼亚游历。但是，来自其他国家的影响力无疑是很明显的，一些近期的研究甚至提出了米利都和伊朗文化的联系。

两个世纪后，柏拉图回顾了自己在埃及的旅行以及同埃及祭司之间的谈话。他们谈到了在梭伦时期（也就是阿那克西曼德时期），一些希腊人来到埃及学习新知识的事情……

---

1 塔西佗（约55—约117），罗马帝国执政官、雄辩家、元老院元老，也是著名的历史学家与文体家。

地中海地区的传统文化与年轻的印欧希腊地区的新文化和新政治相互交融，互相丰富，因此产生了这场规模宏大的米利都文化革命。

希罗多德曾经用文字完美地再现了人类历史上这个神奇的时刻。他讲述了自己在埃及旅行时的一段经历，这段经历在他看来和赫卡塔埃乌斯的一段经历很相似。赫卡塔埃乌斯是米利都的地理学家和历史学家，他完善了阿那克西曼德的世界地图。希罗多德这样描述这段经历：

当这位历史学家赫卡塔埃乌斯到达底比斯的时候，他吹嘘了一下自己的身世，声称自己第十六代祖先中的某一位是神的孩子。当时的埃及祭司对他所做的事情和他们对我做的事情完全一样，尽管我之前并没有夸耀过我的身世。祭司们把我领到神庙内一座宽敞的圣殿里，向我展示了许多巨大的木质雕像。他们在我面前数了一下，雕像的数目完全与他们之前说过的数量相符。他们有一个习俗，每位大祭司都要在神庙内为自己立一座雕像。祭司们一边指着雕像的脸，一边告诉我雕像对应的姓名，他们向我表示，每一个雕像对应的大祭司都是上一座雕像对应的大祭司的儿子，这一组雕像就是按照这样的顺序排列的，从刚离世的大祭司一直回溯到最早的那位。因此，当赫卡塔埃乌斯说他家的十六代祖先中有神的时候，祭司们根据他们的方法回顾了他的家谱，他们不相信任何一个人能先于神出生。他们的每座雕像都代表了一位"君子",也就是一个人,是另一位"君子"的儿子。那里一共有345座雕像,但是他们和任何一位神或英雄都没有血缘上的关系。

——希罗多德《历史》

希罗多德在这段经历中加入了丰富的细节描写,将他自身的经历和他在赫卡塔埃乌斯的文章中读到的进行对比。这段经历证明了希腊文化和古老的埃及传统之间的相遇,以及这种交融对希腊文化产生的深远影响。同所有希腊人一样,赫卡塔埃乌斯认为在世界上存在过的人只有二十几代,并吹嘘自己有神的血统,但大祭司们把他带到了那座神秘的埃及先祖神庙,以让人很难质疑的方式向他证明了人类文明中的345代人。相比之下,古希腊短暂的过往就显得有些可笑了。如果赫卡塔埃乌斯和希罗多德都有过这段经历,那么像泰勒斯、阿那克西曼德那样大名鼎鼎的到访者说不定也经历过相似的事情,正如肖特威尔(Shotwell)[1]在1922年的著作中描写的那样:

如果我们通过发生在底比斯神庙神秘内殿中的某次相遇来推断古希腊科学和批判思想苏醒的决定性时刻(如果这些

---

[1] 肖特威尔(1874—1965),美国历史学家。此处提到的著作为《史前史》(*An Introduction to the History of History*)。

能够被推断出来），可能我们就不会犯太多错误。别忘了在那天得到教训的，不是聪慧的埃及祭司，而是来自古希腊的到访者……或许就是从那时起古希腊的批判思想开始在西方世界中得到确立。自由勇敢的研究精神就此诞生，它将成为古希腊思想的标志。

其实，肖特威尔的这本书主要谈论的是历史编纂学的诞生，但他这段话也适合用来谈论科学精神。

就像库布里克导演的《2001太空漫游》中站在黑色巨石前的猿猴一样，一个古希腊人站在埃及雕像前，这些雕像完全颠覆了他曾经引以为豪的对世界的认知。可能就是从这个时候起，他开始认为我们所确信的一切都可以受到质疑。

遇见不同，这种相异性让我们的偏见变得愚蠢可笑，同时也开拓了我们的思想。我想在这里说一点题外话，对于前面提到的例子，我们可以引以为戒。不管是一个国家、一个组织、一个大洲，还是一种宗教，都需要在宣扬自己身份的同时进行自我反思，更需要意识到自身的局限和无知。当我们接纳差异、重视差异时，我们就是在为人类种族的丰富和智慧的提高做出贡献。

第 八 章

科学是什么？

What Is Science?

我想谈论的科学并不是随着哥白尼革命或古希腊哲学而诞生的，而是在夏娃摘苹果的那一刻就出现了，这是一种求知欲，是人类的天性。

——弗兰切斯卡·维多托

科学发端于阿那克西曼德吗？这个问题难以回答：这要取决于我们把什么称为"科学"。这是一个意义宽泛的词语。如果根据我们在狭义或广义上对该词做出的不同定义，科学可以发端于牛顿、伽利略、阿基米德、希帕克斯、希波克拉底、毕达哥拉斯或阿那克西曼德，科学还可以发端于一位不知名的巴比伦天文学家，甚至一只知道如何把自己会的东西教给下一代的猴子，又或者同本章开篇引文所说的一样，始于夏娃……上面提到的这些人物都或多或少地具有历史或象征意义，都代表人类获得了一种至关重要的全新手段来促进认知的发展。

如果我们把"科学"理解为建立在系统实验之上的研究，那么伽利略就是这种"科学"的奠基人。如果我们将"科学"理解为一套定量观察和数学理论模型系统，它能够让观察更具规律性，并且由此提供正确的预测，那么"科学"还要囊括希帕克斯和托勒密的天文学。正如我在研究阿那克西曼德的过程中所做的那样，强调初始时刻的准确性，只需要集中研究知识获得过程中的一个方面。这意味着揭示科学的某些特征，暗自思考"什么是科学研究"，以及"科学研究如何运作"这些问题。

什么是科学思想？它的局限性是什么？它最终要教给我们什么？是什么构成了科学思想的特征？它和其他形式的知识对比又如何？

前几章中，正是这些问题引发了我们对阿那克西曼德的思考。通过回顾他开辟科学思想之路的方式，我力图阐明科学思想的某些方面。现在，我试着进一步深入解释对阿那克西曼德的相关思考，并把他做出的贡献置于更加广泛的讨论当中，这种讨论围绕着科学思想的意义和本质展开。

1 19世纪的幻想破灭

　　最近几十年，人们对科学认知本质的思考一度非常活跃。一些哲学家比如卡纳普（Carnap）、巴歇拉尔（Bachelard）、波普尔、库恩（Kuhn）、费耶阿本德（Feyerabend）、拉卡托斯（Lakatos）、蒯因（Quine）、范·弗拉森（Bas van Fraassen），还有许多其他哲学家推荐的读物改变了我们对科学活动的理解。在很大程度上，这种思考是由一个冲击引发的，即20世纪初牛顿物理学的意外崩塌。

　　在19世纪，我们总认为牛顿不但是全人类中最聪明的人之一，还是最幸运的一个。因为世上就只存在一套基本定律，正好被幸运的牛顿发现了。今天，这种观点会让人忍俊不禁，并反映出19世纪存在的严重认识论错误：正确的科学理论是永远绝对的、有效的。

　　到了20世纪，人们为这种幻想做出了清楚的界定。许多严谨的实验证明，在某些具体情况下，牛顿定律是不成立的。比如，水星就不是按照牛顿定律运行的。阿尔伯特·爱因斯坦、维尔纳·海森堡[1]和他们的朋友共同发现了一套全新的基础定律——广义相对论和量子力学，这套理论代替了不再有效的牛顿定律，比如在理解水星运行轨道、电子在原子中的运动这些问题上，牛顿定律就不能发挥作用了。

人们由此得出了经验，今天，已经很少有人会相信"绝对的定律是存在的"这种观点了。爱因斯坦和海森堡提出的新定律也会有局限性，总有一天会被更好的新定律替代，这种主张已经得到一致认可（但是，仍然有一些科学家认为我们掌握着，或即将掌握世界的终极理论）。其实，新理论的局限性已经慢慢展现出来了，在爱因斯坦和海森堡的理论中，存在着一些微妙的不相容的地方。因此，我们并没有掌握世界的终极绝对定律。这也是我们要继续研究的原因。作为理论物理学家，我的职责就是参与研究，找出能够统一爱因斯坦和海森堡二人的理论的定律。

关键在于，广义相对论和量子力学完全不是对牛顿定律的小修改，这不是修改一个方程式、一个古老的等式，或者加入新的公式的事情。这些新理论完全颠覆了我们对世界原有的认识。对牛顿来说，世界是一个广大空旷的空间，像小石头一样的"微粒"在这个空间中运动。爱因斯坦认为这个空间本身就像是暴风雨中的大海，它可以折叠、弯曲，甚

1　量子场的发现其实是一群科学家共同努力的成果，除了海森堡之外，还有普朗克、玻尔、薛定谔、泡利、狄拉克、玻恩……这一代科学家之间的相互批评也为研究带来了成果。——作者注

至可以（在黑洞中）被撕裂。在爱因斯坦之前，没有任何一个人认真地思考过这种可能性。[1]与此同时，德布罗意（De Broglie）[2]、薛定谔、海森堡和其他几位科学家则发现牛顿理论中的粒子并不是真正的粒子，而是在法拉第的电磁场中运动的、介于波和粒子之间的奇怪混合体。总之，在20世纪，人们发现世界的结构与牛顿设想的世界大相径庭。

一方面，这些发现进一步证明了科学的认知能力。就像牛顿和麦克斯韦在数个世纪前的发现一样，它们促进了技术的飞速发展，又一次改变了我们的世界。法拉第和麦克斯韦的科学理论催生了广播和所有通信事业。爱因斯坦和海森堡的理论催生了电脑、原子能，还有成千上万种改变我们生活的技术革命。

但是，另一方面，牛顿理论下的世界形象是错误的这一发现又让人困惑不已。在牛顿之后，我们自认为已经完全理解了物理世界的基本结构，但是，我们错了。会不会有一

1　德国数学家高斯被看作现代最伟大的数学家之一，他曾经认真考虑过物理空间可以弯曲这个问题。据说，尽管好像并没有能证明这个主张的证据，但是为了证明这个假设，他还是组织了一次考察。他测量了三座山的峰顶构成的巨大三角形的角度（在弯曲的空间中，三角形内角之和并不是2π，这个结果与平面中的三角形是不同的），但是他害怕这个结果受到嘲笑，并没有公之于众。不管是否可信，这个故事至少强调了在爱因斯坦前的一个世纪，这种新观点是多么独特。——作者注

2　德布罗意（1892—1987），法国物理学家，1929年因发现了电子的波动性以及他对量子理论的研究而获诺贝尔物理学奖。

天，爱因斯坦和海森堡的理论也被证明是错误的？那么，这是否意味着我们不能够相信科学，甚至科学呈现给我们的更好的世界形象？关于这个世界，我们到底知道些什么？科学到底教会了我们什么？

2 科学不能归结于可证实的预测

尽管存在不确定性，但科学仍然是值得信任的。在爱因斯坦提出相对论之后，牛顿的理论并没有失去价值。如果需要计算一座桥上的风力，我可以用爱因斯坦的理论，但同样可以运用牛顿的理论。二者在这个问题上的差距极小。对于解决如何建造一座不塌的桥这类具体的问题，广义相对论带来的修改是完全多余的。而牛顿理论可以完美解决这类问题，是非常可信的。换句话说，这些理论仍然适用于某些方面，这取决于我们观察和测量这个世界的具体方式。对于运动速度低于光速的所有物体，牛顿的理论仍然有着用武之地，是有效的、可信的。在某种意义上，爱因斯坦的理论甚至强化了牛顿的理论，因为我们从此更加清楚牛顿定律的应用条件。一位工程师用牛顿的公式进行计算之后说我们正在修建的屋顶太脆弱了，只要下雪就会塌掉，如果我们仍然因为爱因斯坦推翻了牛顿的理论而不相信他的建议，那我们就太愚蠢了。

正是因为有了这样一种形式的确定性作为基础，我们才能真正相信科学。举个例子，如果我们得了肺炎，科学告诉我们如果什么都不做，就很有可能失去生命，如果服用青霉素，就极有可能恢复健康。应该被怀疑的并不是这个常识，我们可以安心地确定，有了青霉素，我们存活下来的可能性大大提高，这与我们是否深入理解什么是肺炎并没有什么关系。在已知的一定误差的范围内提高治愈的可能性，这就是一种确定的科学预测。

如果某种理论可以为我们提供预测，那么我们可以只将它看作适用于某个特定领域，并且允许一定范围的误差存在。我们甚至可以认为提供预测是这类理论唯一有用和有意义的地方，而其他部分则是无用的。

如今，部分现代思想就选取了这种方向对科学进行思考。这是一种理性但缺乏说服力的方向，因为它让一些问题变得悬而未决：世界是如牛顿描述的那样，还是像爱因斯坦描述的那样，还是说世界并不像任何人所描述的那样？我们了解这个世界吗？还是说我们根本什么都不了解？如果我们能够回答的只是"这就是用来计算某些物理现象的公式，得出的结果可能是近似值"，那么科学就失去了帮助我们理解世界的能力。从这个角度看，在我们目前掌握的科学知识的指导下，世界仍然是难以理解的。

科学变为可证实的预测，其中问题在于这种变化并不能在科学实践、科学真正的发展方式、科学实际的用途和科学最终吸引我们的原因这些方面还科学一个公道。我将用一个例子来解释这种观点。

哥白尼发现了什么？如果用我刚才提出的角度出发，他什么也没有发现，他的预测系统也并没有比托勒密的系统好，甚至更差。好像这些还不够，哥白尼认为自己找到了宇宙的中心——太阳，但现在我们已经知道太阳并不是宇宙的中心[1]。那么哥白尼的科学理论价值何在？从上文提到的实证主义的观点来看，它没有任何价值。

但是，如果我们认为哥白尼什么都没有发现，这又有什么意义呢？假设我们坚持这种立场，我们会认为伽利略的研究并没有道理，真正有理的是贝拉尔米诺总主教（Robert Bellarmine），他狠狠地抨击了伽利略的计算方法，认为这仅仅只是一种计算，而不是能够证明太阳位于太阳系中心，或地球与其他行星一样的论据。但是如果贝拉尔米诺的论点得到认可，牛顿的理论和现代科学都不会存在了。而我们还会认为自己处于宇宙的中心。

如果某种科学定义总结出"太阳位于太阳系的中心，地球不是宇宙的中心"这个事实是不科学的，那么我认为这种

---

1 我们可以说哥白尼明白了地球绕着太阳转，而不是太阳绕着地球转。尽管这个论断在牛顿的理论中能够成立，但在爱因斯坦的相对论理论中已经失去了很大一部分意义。在相对论中，地球和太阳都按照"测地线"轨道运动，在这样的轨道中太阳和地球都不是优先参系。那么，地球是围绕太阳转动的吗？——作者注

科学定义已经显示出它的局限性。

科学预测至少在两个方面有着巨大作用。第一，它可以让科学技术得到实际应用（比如，不用等到下大雪，我们也能够计算出屋顶是否会因为承重能力弱而塌掉）。第二，它是选择和验证这些理论的主要标准（正是因为伽利略用他的望远镜观测到金星的相位正如哥白尼的模型中预测的那样，我们才相信了日心说）。但如果将科学归结为一种预测的技术，则混淆了科学和科学技术的应用，把科学看成了一种用来进行确认和验证的工具。

科学不能被简化为定量预测，也不能被归结为计算技术、应用层面的规程、假说演绎的推理方法。科学中的定量预测、计算技术、应用层面的规程、假说演绎的推理方法只是一些基础和有力的工具。它们是真理的保障，是排除错误的工具，是让错误假设不再停留在错误层面的方法。它们仅仅是工具，能在科学活动中发挥作用的工具。它们服务于这种智力活动，而后者的本质远非如此。

数字、技术、预测可以用来提出假设，进行测试和确认，还可以让各种发现得到应用。但是，这些发现的内容本身却没有丝毫技术性可言：宇宙并不是围绕着地球转动的；围绕在我们周围的每一种物质都是由质子、电子、中子构成的；在宇宙中存在着上千亿个像银河系那样的星系，每一个星系都拥有上千亿颗像太阳那样的恒星；雨水是从大海和地面蒸发的水；一百五十亿年前，宇宙在一颗致密炽热的原始火球爆炸中形成；父母和孩子之间的相似性是由一种叫DNA分子的遗传物质传递的；我们的大脑中存在着上千万亿个突触，在我们思考时交换电子脉冲；极其复杂的化学被完全简化成了质子和电子之间简单的电荷力；在地球上生活的所有生物有着同一个祖先……这些都是科学思想为我们揭示出的事实，这一切完全改变了我们对世界和自身原有的认识，同时具有直接且巨大的认知意义。

科学作为一种认知活动，还是作为可证实的预测的产物，对这两种定义的混淆引发了对科学的新批评，批判"技术统治论"[1]。这种批评在德国、意大利等国家传播，质疑作为"工具"的科学，但这种批评并没有关注到真正的问题——即科学的目的是什么——反而批评科学只局限于各种方法，而看不到最终目的。但正是这种批评混淆了科学的方法和目的。从技术方面来批判科学，就像以写字的钢笔来评判一首诗一样。我们对汽车的发动机感兴趣，并不是因为它让轮子转起来，而是因为它能够把我们带到步行难以到达的地方。它只是一套齿轮传动系统，却是为我们打开旅行之门的工具。

---

1 技术统治论是当代西方社会一种具有国际影响的社会思潮，认为科学技术是解决资本主义社会种种矛盾的万能工具。

3 探索思考世界的方式

宇宙瞬息万变，生命在于提出见解。

——德谟克里特

　　请根据这句简单的思考，想一想：科学知识到底是什么？科学研究的目的不是做出准确的定量预测，而是"理解"世界是如何运行的。那这又意味着什么？这意味着建立和发展对世界的认识，也就是一种思考世界的概念结构，它是有效的，且与我们目前掌握的知识兼容。

　　科学之所以存在，是因为我们的无知，而且我们还有着堆积如山的错误偏见。科学就是从我们不知道的一切中诞生（比如"山的那边是什么？"），从我们对曾经相信却经不起事实推敲的一切的质疑中诞生，从合理的批评分析中诞生的。我们曾经认为地球是平的，认为地球是宇宙的中心，我们曾经认为细菌产生于无生命的物质，我们曾经认为牛顿定律是完全正确的……伴随着每一个新发现，世界在我们眼前被重新描绘一次，经历一次改变。我们从不一样的角度更深入地认识了这个世界。

科学让我们看得更远，当我们走出封闭自己的小花园的那一瞬间，才明白自己的想法是多么匮乏。科学让我们消除偏见，让我们建立和发展全新的概念工具，用更加有效的方式，在更加开放的背景下思考世界。对科学的认知过程是我们对世界的概念不断变化和改善的过程。在这个过程中，我们不断且有选择地对某些基础假设和观点进行讨论，以找出最有效的改善方式。

科学探索并重新描绘我们的世界，它为我们带来对世界全新的认识，教我们对世界展开思考，以及从何种角度去思考。科学是对思考和看待世界的更好方式进行的永无止境的研究，是对全新思考方式的探索。

在成为技术之前，科学是幻想。阿那克西曼德并不知道方程式，但是希帕克斯之所以能得出方程式，阿那克西曼德的努力是必不可少的。布鲁诺（Giordano Bruno）[1]打开了宇宙，也为伽利略和哈勃（Hubble）[2]开辟了道路。爱因斯坦想知道能追上光线的人眼中的世界是什么样的，他在他的书中向我们讲述，他想象出的时空就像一只巨大的软体动物。

1　布鲁诺（1548—1600），文艺复兴时期意大利哲学家、数学家、天文学家，他捍卫和发展了哥白尼的太阳中心说，并把它传遍欧洲。

2　哈勃（1889—1953），美国天文学家、星系天文学奠基人、观测宇宙学开创者。

科学梦想着一个新的世界，有时候，科学的梦想比我们的偏见更好地描绘了现实。

这个重新思考世界的过程是永无止境的。一些巨大的概念革命，比如阿那克西曼德、达尔文、爱因斯坦掀起的革命，就像这个过程中最显眼的峰顶。今天，我们思考世界、组织思想的方式和公元前1000年的某个巴比伦人相比，已经大不相同。这种深层的变化是漫长的知识积累带来的，而这种积累又源于对世界认识的改变。我们已经获得了一些成果，比如我们再也不会用跳舞来求雨。有一些成果尚不完整，就像我们知道宇宙还在不断扩大，它已经存在了一百五十亿年，但是并不是所有人都接受这个观点。有些人仍然固执己见，认为宇宙只存在了六千年，因为《圣经》是这么说的。另有一些成果已经得到研究团队的认可，但尚未成为全人类共有的知识财富。爱因斯坦理论下的时空结构、量子力学下的物质本质，这些科学理论展现的世界与我们中的大部分人熟悉的世界几乎完全不同。我们需要时间来适应，就像哥白尼的天文学革命成果用了两个世纪才深入欧洲人的意识中。但是，世界是瞬息万变的，在我们认识世界的过程中，它仍然一刻不停地变化着。科学的预见能力能让我们看得更远，让我们消除偏见，为我们从真相中揭示出全新的领域。

这场冒险建立在积累的知识之上，但它的灵魂是永无止境的变化。科学知识的关键在于，不要被我们确信的一切和我们的固有认识禁锢，要时刻准备通过观察、讨论、提出新观点和新批评去不断改变它们，这种能力才是掌握科学知识的钥匙。科学思想的本质就是批判、反抗，就是排斥一切先验主义、一切盲目崇拜、一切永恒的真理。

4 世界形象的发展

伟大的科学哲学家卡尔·波普尔的核心思想是：科学并不是一系列可证实的主张，而是由可证伪的复杂理论组成的。波普尔认为科学知识不能像实证主义要求的那样被直接证实。它是由可以从理论上被经验观察所反驳的理论构成的。如果一种理论为我们提供了新的预测，而这些预测被事实所证实，并且从未被反驳（证伪），那么这就是一种有效的科学理论。但这并不意味着矛盾永远不会发生，到那个时候，科学家们将寻找一个更好的新理论。因此科学知识在本质上是整体的、临时的、发展的。科学知识的增长在本质上是具有批判性的，因为我们在不断讨论和质疑已经获得的知识。

托马斯·库恩对科学知识的发展演变进行了研究。在他看来，一种科学理论就是对世界的一种描述，为我们提供了一种概念结构，一种描述所有现象的"范式"。在这种理论框架下，我们能够解读实验数据，明确指出世界为我们提出的问题，找到解决问题的方法。如果这些范式被证明是错误的，也就是说如果我们在实验中发现事情没有像我们设想的那样基于理论运行，那么它们就会面临危机。从更现实的角度来说，当越来越多的实验数据违背整体理论框架时，这些范式就出现了问题。

在这样一种危机之下，会出现一种替代理论，它不但要能解释前一种理论已经阐明的现象，还要能够解释新的实验数据。如果能达到这些要求，那么这种新理论就可以真正替代前一种理论。在某些情况下，"革命"建立了一种概念结构、一种词汇，与之前的理论大相径庭。在一些极端例子中，这两种理论甚至完全相悖。于是，科学在两种不同的时期之间摇摆，"普通"时期被一种理论主宰，试图用这种理论解决所有问题，"革命"时期则更新了之前的通用范式，在一种新的概念模式下重新解释所有现象。

对科学的解读以不同的方向发展。比如，有人指出科学研究的现实不是大的范式出现危机、最后被抛弃，而是有许多研究流派相互竞争，当积累的困难引导研究者转向更有生命力的研究主题时，某些流派就会因为停滞不前而逐渐消亡。还有人强调科学进程中方法的多样性，如果某一种普遍的方法为了保证科学知识的可靠性而降低了科学演进所具有的这种生命力，那么这种尝试并不会让局势变得更明朗，反而会将研究引入死胡同。

这些研究阐明了科学有效运作的很多方面。作为研究这个领域的科学家，我还是觉得有一些很重要的点被忽略了。

这种科学哲学并没有忠实反映科学理论之间的复杂关系，以及科学理论和世界留给我们的未解之谜之间的复杂关系。在我粗略研究过的对科学的重新构建中，科学理论看上去是相互独立的，它们可以被自由地建构、应用、抛弃、替代、实验。每一种科学理论都基于我们掌握了一个固定可靠的概念结构——也就是我们的理性、常识以及一小部分关于宇宙"显而易见的"假定——它能让我们逐一筛选这些科学理论。[1]

这种科学模式在抽象的方面显得太过激进，在具象的方面又太过保守。激进是因为它认为每一种新的理论主张都诞生于科学思想的"白板"[2]中。保守是因为它不承认我们的思想中最僵化的结构是偶然的，反而将其看作绝对的，无意中使它固化，阻碍了科学思想的革命性本质。一种新的科学理论从来不是从天而降的，也不是科学家的凭空想象，而是对已有思想的改造。新理论在旧理论的边缘出现，而这个边缘有时甚至是现有思想的根基。

相反，我认为每一种科学理论都根植于我们眼中的世界

---

1 保罗·费耶阿本德因维护一种具有完全的自由主义色彩的科学概念而闻名，这种概念被称为"认识论无政府主义"，在这种理论下，一切规范哲学都被视为科学进步的障碍。——作者注

2 白板说是17世纪英国唯物主义哲学家洛克提出的哲学观点，用它来比喻人类心灵的本来状态像白纸一样没有任何印迹，通过经验的积累，才有了观念。这里指科学思想如白纸一样的空白状态。

形象的复杂性。同理，每一种正确的科学理论都代表一种新的知识，为世界形象的变化发展注入活力因子。

　　库恩、费耶阿本德和拉卡托斯都强调科学知识发展过程中无法否认的间断性，以及不同理论之间的概念差距。我并不否认这一重要观点的价值，但我担心沿着这样的思想轨迹，我们会忽视科学发展的连续性，以及知识经验的积累性。这种积累是不可否认的，而且在重大的转变时期发挥着巨大作用。他们没有看到在重要的科学革命中，被改变的不是那些看起来有道理的东西，而是没有人预料到的东西。

　　举例来说，爱因斯坦就是概念革新和"科学革命"的捍卫者。1905年，他提出了狭义相对论，以此来解决当时的典型危机。下面是库恩对此次危机的描述：伽利略和牛顿的理论似乎已经无法解释一些实验结果了，这些理论尤其无法与麦克斯韦提出的新理论兼容，但麦克斯韦的理论却能够有效地解释这个世界。根据库恩提出的科学发展的间断性理论，或者根据假说演绎的法则，解决这个危机的办法是寻找一个全新的基础理论，从深层推翻伽利略–牛顿或麦克斯韦的假设，或者同时推翻这两种假设，除了通过经验得出的结论之外，这种新理论与前两种理论没有任何相同之处。

　　但爱因斯坦并不是这样做的。他成功地从相反的假设出发，假设伽利略–牛顿的理论实质——惯性参照系（更确切来说就是速度是相对的这个事实）是正确的。同时，他也认为麦克斯韦方程组和他的核心理论以及物理场的存在是成立的。他完全保留这两种理论中定性的重要部分，也就是库恩认为在科学革命中应该被改变的部分。这两种理论的结合产生了第三种假设，即同时性是绝对的，这个假设足以形成一种全新的理论——狭义相对论。在此之前，第三种假设曾经以一种含蓄的方式被提出过，却从未被阐释过。第三种假设曾经被认为是时间性概念所固有的，因此它事实上是思想的一个先验条件。

所以，爱因斯坦掀起的革命并不是通过摒弃旧理论来建立新理论。相反，它严谨地利用了现有的理论，摒弃了我们对世界的先验概念中的某个元素，当时它尚未显现出问题。这次革命没有在当时非常明确的规则上建立什么新的东西，它直接改变了那些规则。时间并不是我们曾经认为的那样简单，它也并不像康德（Kant）设想的那样是知识的先验条件。在盎格鲁–撒克逊世界对常识的顶礼膜拜中，常识被推翻了。

因此，并不是实验数据直接导致了狭义相对论代表的概念大变革，真正的原因是人们对已有理论的有效性的信念出现问题——尽管这些理论明显相互矛盾，但它们曾被丰富的经验验证过其正确性。这种对科学革命的逻辑重构与库恩提出的理论几乎是完全对立的。

狭义相对论的例子并非孤证，哥白尼在研究天文现象时，没有完全抛弃托勒密的理论结构，而是在其中加入了新的观察数据。因为对托勒密的天文学理论有深入透彻的理解，哥白尼才在均轮和本轮[1]中发现了能让他重新建立世界系统的钥匙。在新系统中，均轮和本轮仍然存在，但"地球是固定不动的"这个看似不容置疑的观点，最终被摒弃了。

　　还有狄拉克，他提出了量子场论，并且预言了反物质的存在，这一切都建立在他对狭义相对论和量子力学的信任之上。在未得出新的实验数据的情况下，牛顿理解了万有引力，这也是因为他信任开普勒第三定律和伽利略关于加速度的理论。也许是因为头脑中的灵光闪现，爱因斯坦在1915年提出了时空弯曲，但这个发现也是建立在他对狭义相对论和牛顿万有引力的信任之上的。在所有的例子中，正是对前人理论的实质性内容的信任（部分科学哲学流派认为这些内容是最不相关的）促进了科学的飞跃。相较于在新的概念基础上重新组织实验数据，科学革命的实质更加复杂，它是一种建立在我们对世界已有思考的边缘和根基之上的改变，这种改变是永无止境的。

1　是古希腊天文学家阿波罗尼乌斯（Apollonius）提出、托勒密进行发展的天文学系统，用来解释太阳、月球和行星在视运动中的速度和方向变化的几何模型，行星被假定在一个被称为本轮的小圆圈内，绕着一个被称为均轮的大圆运动。

5 游戏规则和可公度性

让科学大步前进的伟大观点并不是在寻找适定问题[1]的新答案的过程中产生的，而是在对不适定问题的研究中产生的。也正是因为如此，要针对一个适定问题展开科学革命是行不通的。科学是通过解决问题进步的。而通常情况下，解决一个问题意味着问题自身的重组。

阿那克西曼德并没有解决巴比伦天文学提出的任何一个问题，因为他明白正是这些在巴比伦文明的情境下提出的问题的立场应该被重新阐述。他没有解释天空如何在我们头顶上方运动，因为他明白天空并不是只在我们头顶上方运动。托勒密没有延续行星匀速运动的观点去寻找新的运行轨道，没有以此来解决希帕克斯建立的天文系统留下的技术问题，

---

1 适定问题是指满足下列三个要求的问题：①解是存在的（存在性）；②解是唯一的（唯一性）；③解连续依赖于初始值条件（稳定性）。这三个要求中，只要有一个不满足，则称之为不适定问题。在经典的数学物理中，人们只研究适定问题，随着生产和科学技术的发展，各种各样的不适定问题出现在许多领域中，也逐渐成为研究主题。

尽管仍然有些人翻来覆去地强调托勒密是亚里士多德物理学的"奴隶"，但是不管他们怎么说，也不能否认托勒密提出了行星的运动并非匀速这一观点。哥白尼没有从柏拉图提出的天文学之问这个角度来解释托勒密系统中奇怪又神秘的巧合，柏拉图的问题旨在探明如何通过行星的运动来解释它们在天空中的视运动。于是，哥白尼改变了游戏规则，他让地球动了起来。还有达尔文，他解决了在19世纪的生物学框架下并未展开研究的问题，因为人们相信自己已经知道了解决问题的方法。

注重问题本身并非只在促进科学的巨大进步方面有价值。在一个科学家的日常研究活动中，哪怕最简单、最细微的研究，常常都不是通过解答适定问题来取得进步的。为了解决问题就需要考虑问题本身，需要重新组织问题。在我的指导下撰写博士论文的学生在三年的研究工作之后，几乎都会震惊于自己的论文内容并不是最先提出的那个问题的答案。但如果最初的问题就已经提得很好了，那么他们就不需要花费三年时间去解决它了。

再次强调，在一个明确的思想规则框架下，为了给实验数据赋予意义而去思考替代理论，这不是科学的力量所在。与之相反，科学的力量是它依靠现有理论（即从古至今积累的知识）的能力，是它不断回顾、修正已有知识的能力，不将其中任何一种看作永远确定的，也不认为它们的基础是坚不可摧的。

　　这种观点证明了现代科学哲学提出的科学理论间的不可公度性[1]其实并不存在。这些理论本身、理论的成果、近似值和误差都可以转化到其他理论中。哥白尼发现地球围绕太阳运动，这个发现在牛顿和爱因斯坦的理论中仍然有效。只是每一次，这个发现都在另一种语境下被重新诠释和表达。这种新的语境可能和哥白尼所使用的语境大相径庭，但是这个发现同样得到了完全的认可，而且成了构建新理论的关键要素之一。

　　这种理论间的连续性最确切的例证可能就是哥白尼的天文学革命，这是科学革命和概念重建的范例。托勒密的《天文学大成》和哥白尼的《天体运行论》可以在最伟大的科学史书籍中占据一席之地，世界在这两本书之间摇摆。在前一本书中，有地球和天空，一部分是所有的日常事物和我们脚下的地球，另一部分是月球、太阳、恒星和行星构成的整体；在后一本书中，太阳构成了第一部分，水星、金星、地球、火星、木星和土星是第二部分，月球单独构成了第三部分。在前一本书中，我们是静止的；在后一本书中，我们处在一个每秒移动4万米的"陀螺"上。我们还可以想象出更了不起的概念转变吗？我们还能找出差异更大的知识结构

---

[1] 可公度性是指如果两个量是可合并计算的，那么它们可以被用同一个单位来衡量。在时间度量中，以分和天来度量时间，二者是可公度的，因为分和天有固定的比值关系。而时间度量单位分和距离度量单位千米就是不可公度的。

吗？请打开这两本书吧。我在前面提到过，哥白尼的著作就像是在托勒密的著作上进行修订后的再版。相同的措辞、相同的数学方法、相同的均轮和本轮概念、相同的三角函数表、相同的融入了灵感的细节，这两部作品的一切都奇迹般地相同，却与他们的前人和后人写成的一切作品大不相同。在托勒密和哥白尼之间，并不存在不可公度的障碍，他们研究的不是两个完全不同的主题，反而完全就是同一个研究主题。如果有两种理论能够互相理解，那么就是托勒密和哥白尼的理论了。我们甚至可以把它们看作一对恋人。

科学的进步并不是从零开始，它是一步一步前进的。所有变化都会影响基础问题，我们可以改变船的桅杆或龙骨，但是我们不会再造一艘新船。我们会驾驶着唯一的一艘船，无数次重新出发，这艘船就是我们对世界的认识，这是我们航向真理的唯一工具。在数个世纪里，这艘船经历无数变化，在承载着阿那克西曼德的星辰和爱因斯坦的时空的轮桨间，无数水流从中流过。但是没有任何一个人真正从零开始，提出一个全新的概念结构。为什么？因为我们没有这种能力。因为我们无法摆脱我们的头脑。我们的思想总是在与真实密切且连续的对照中，一步一步地，趋向真实的。思想的空间是无限的，我们只开发了其中极小的一部分。世界就在我们眼前，等待我们去探索。

6 献给不确定的颂歌

现在，我们回到最初的问题。既然科学一直处在变化中，为什么科学知识仍然值得相信呢？如果我们认为明天的世界就不是牛顿和爱因斯坦描述的世界了，为什么我们还要认真对待科学为世界给出的描述呢？

答案很简单，因为在历史长河中的每一个时刻，科学对世界的描述都是当时我们所掌握的最好的一种了。尽管它有待完善，但也不能掩盖一个事实——它是我们理解和思考世界的有效工具。设想一下，你可能会得到一把更锋利的刀，但是我相信你不会为此扔掉现在手里拿着的刀，道理就是这样。

其实，科学不断变化发展的特点并不会影响它的可靠性，相反，这正是它的可信可靠之处。科学给出的答案不是绝对的，但确切地说，这些答案是我们目前为止掌握的最佳答案了。

如果一个巫师用某种植物治好了一个人的疾病，我不知道这种行为能否称得上一种对"科学"的应用。但是，在这种植物的有效性得到确认的一瞬间，它就立即成了针对这种病的"科学"药物。其实，这正是实验医学确认药物药效的方法。在长达三个世纪的时间里，牛顿这个名字曾经是科学的代名词。但是，当爱因斯坦发现不同于牛顿的思考方式时，没有人将这次进步看作科学的溃败。道理很简单，爱因斯坦是一个比牛顿看得更远的科学家。

科学之所以总是能给出最好的答案，正是因为科学不会将它的答案视为绝对正确。也因为如此，科学总是能学习和接纳新的观点。[1]

换句话说，科学就是发现知识的奥秘不过是时刻准备学习新事物，从不认为我们已经发现了最后的真理。科学的可靠性不是建立在确定性之上，相反，科学的可靠恰恰来自不确定，来自它接受批判的能力。正如约翰·斯图尔特·密尔（John

---

[1] 对这个论点的不理解催生了当代反科学主义。比如美国某些州立法规定达尔文的理论不得在公立学校教授，或者认为这种理论应该和《圣经》中的神创论一起教授。在神创论之下，世界创造于六千年前，当时的世界和现在的世界一模一样，连岩石中的化石也是如此。最近，在意大利也出现了类似的现象。支持这项法令的人们认为"科学无法确定自身提出的论点"。宣布一种理论的绝对性和发现这种理论比另一种更好，在这两种情况间存在一种混淆，人们认为科学模棱两可的原因就源于此处。举例来说，我不知道这匹小马是不是世界上跑得最快的马，但可以确定的是它跑得比驴快。我们无法确定达尔文的理论是否详尽无疑地论述了生物的整个历史，但我们可以毫无疑问地确定他的理论比神创论好千万倍。这就是我们可以完全确定的事实。——作者注

Stuart Mill）[1]在其1859年所著的《论自由》中提到的那样：

> 我们最有把握的信念并无防护，它们一直在邀请人们证明这些信念并无依据。

科学并不完全不同于常识，它致力于用更加细致的方式去满足同一个需求：在这个世界中学会发展。科学采用了和常识相同的策略，即不断更新我们的思维方式。当我来到一座新的城市时，我会很快对这里产生一个大致的印象。如果我在这里定居，那么这座城市的形象会在我脑海中不断丰富、不断深入，我就会发现自己对这里的某些第一印象是错误的。然后我会继续探索这座城市，更好地了解它。我知道有一张更完美的城市地图存在，但这并不能掩盖我现在拥有的这张地图的价值。获得知识的过程就是指引科学发展的过程。人类身处这个宇宙，就像一个异乡人身处一座陌生的城。

✣

弗朗西斯·培根（Francis Bacon）[2]曾经想将纯观察[3]作

---

1 密尔（1806—1873），英国著名哲学家和经济学家，19世纪影响力很大的古典自由主义思想家。

2 培根（1561—1626），著名英国哲学家、政治家、科学家、作家，提出了古典经验论。

3 纯观察是指观察是一种纯粹的感官反应活动，它不受任何理论因素的影响，在观察中也应该排除任何理论的影响，纯粹客观地进行观察。

为他的科学新理论的基础，作为一切认知的明确根基，但是这种纯观察其实并不存在。同样，笛卡尔将理性主义视为一切可靠性的保证，但这种纯粹理性也是不存在的。培根的经验主义和笛卡尔的理性主义都有一个引发争议的目标：用一个全新的真理标准来代替传统，而中世纪的智慧正建立在这种传统之上。他们具有爆炸性和解放性的哲学思想打破了传统对知识的束缚，解放了批判思想，打开了通往现代的大门。

今天，我们知道，即使观察和理性是我们最好的认知工具，它们也无法成为确定的认知的基础。纯粹的观察并不存在，因为大脑已经从深层构建了我们的一切感知、思想和偏见。同样，能够让我们建立确定的知识体系的理性的重构过程也不存在，因为我们不能没有各种复杂的假设，那样我们将停止思考。世间没有某种总能让我们找到真理的方法，我们总是在错误中前行。培根和笛卡尔所解放的批判思想已经彰显：观察总是建立在已经存在的概念结构之上，最明显的理性假设（"清楚和分明的观点"）也可能是站不住脚的。两者只能存在于一个已然结构化的且充满错误的知识体系的基础之上。

因此，并不存在一个不容置疑的确定基础来建立我们的知识体系。每一次我们自认为掌握了世界的终极科学理论时，自认为已经建立了一个确定的知识体系时，我们都会陷入困局。

这同样适用于现实这一概念本身。退回唯心主义，否定事实存在，将一切简化为思考，这样做是毫无意义的，因为我们所思考的就是现实。这是我们的思想和指涉外在事物（即世界和现实）的语言的本质。除了现实，我们的知识还能关于什么？我们所知的一切就是现实。我们所知甚广，知道我们到目前为止所学的一切。尽管对现实我们已经了解了如此之多，它还是不断让我们感到惊奇，让我们想象还有很多东西有待发现，甚至可能有些方面我们永远也不会发现。若是现实能够确认我们对世界形象的认识，这固然很好，但若是与之相反也无妨，因为真相一直在显现。正是这种真相深深吸引了我们。总是提到一种绝对的、未知的"终极真相"是没有用的，虽然我们的认知在不断"接近"它，但是对于这个处于假设中的"终极真相"，我们仍然一无所知。

✣

这个过程还在持续。科学不断探索和提出对世界的新观点，这一切将会被批评和实验慢慢证实。科学就像一个战场，每一条战线都在不断向前推进。在所有方向上都有许多科学研究处于竞争中，每一项科学研究也都是由处于竞争中的各种科研项目组成的。一位科学家每天早晨的工作也像一次竞赛，各种微小的研究理念在脑海中不断碰撞，一些取得优势，得到发展，另一些落于下风，不进则退。最后在这个过程中留存下来的，就是优秀的观点。伟大的理论构建得到改进，有些时候是从根本上被颠覆。我们仍然继续探索着无限和确实无限的思考空间。

在我研究的量子引力理论中，时间在基本层面并不存在，它只在某些特定情况下才会是真实的。（我在1994年提出了一个假设：对时间的错觉反映了我们对微观世界真实状态的无知。）时间的消失是爱因斯坦和海森堡的理论不可避免的结果，但我们首先要认真研究他们的理论，就像爱因斯坦认真研究伽利略和法拉第的理论一样。如果这个非常保守的推论是正确的，那么我们为了结合爱因斯坦和海森堡理论而提出的概念变化就是根本和彻底的。因为它颠覆了阿那克西曼德提出的理解世界的基本方式——遵循时间的秩序找到支配世界的规律。

我在这里提出一个替代假设：世界的规律决定了世间万物的关系，只有在一些特殊情况下，这些关系才遵循时间的秩序变化和发展。如果这个假设能够成立，我们可以改变一些东西，包括阿那克西曼德提出的时间规律的概念，比如我们不应该再将时间看作理解世界的基础结构。即使阿那克西曼德的观点被颠覆，我们仍然要赋予他最大的荣耀，因为我们终于领会了他最伟大的教导：延续泰勒斯的路，但明白泰勒斯的错误。

如今日益高涨的反科学主义批判科学由确定性、傲慢和冰冷的技术主义构成，这是很奇怪的。在人类的智力活动中，很少有活动像科学那样，既从本质上意识到认知的局限性，同时又对预见和想象充满热情。

我们每走一步，一个新的世界就被描绘出来。地球不是宇宙的中心，时空可以弯曲，我们是瓢虫的远亲，世界不是由上面的天和下面的地组成的。就像希波吕忒[1]所说的那样：

> 但他们所说的一夜间全部的经历，
>
> 以及他们大家心理上都受到同样影响的一件事实，
>
> 可以证明那不会是幻想。
>
> 虽然那故事是怪异而惊人，
>
> 却并不令人不能置信。
>
> ——莎士比亚《仲夏夜之梦》

我认为我们共同的错误在于害怕这种变化不定，害怕去寻找绝对的确定性。因此我们想要找到一个基础、一个固定的点来释放我们的担忧，但这种找寻是幼稚的，而且会阻碍对知识的追求和探索。

科学是人类的一场冒险，这场冒险在于探索思考世界的方式，在于时刻准备颠覆目前为止我们掌握的某些确定认识。这是人类最美好的冒险之一。

1　希腊神话中阿玛宗人的女王，英雄忒修斯的妻子。

在文化相对主义和绝对思想之间

Between Cultural Relativism and
Absolute Thought

我们的生活和思想中的重要悖论，

是我们只能在某个背景下行动和观察，

这一背景会在我们身上强加一些限制，

而当我们停止与这些限制抗争时，

我们也就停止了观察和理解。

——罗伯托·曼格贝拉·昂格尔[1]

　　经验向我们证明，在不同的文化中，不只是审美和伦理判断，还有对真相的判断，甚至真相概念本身都是不同的。这个事实让我们认识到，要评判在地理和时间上与我们存在巨大差异的价值体系和真理体系中的观点和判断，是多么困难。

　　今天，我们认识到了价值体系的相对性和判断的偶然

1　昂格尔（Roberto Mangabeira Unger，1947—　），巴西政治人物、哲学家、社会理论家。

性，这影响了许多历史文化研究，帮助我们部分脱离了地方主义的藩篱。它还纠正了我们被欧洲帝国主义扭曲的观念，这种观念让我们认为，只有西欧化的观点才是有道理的。这种意识还让我们明白了，对我们来说正确、美好和公正的一切，对其他人来说不一定也是如此。如果连科学本身都不能为我们带来确定性，而我们还将只有自己相信的事物看作珍贵的财富，那就太不明智了。

　　尽管这种意识是正确且重要的，但有些时候，它还是会被曲解为对一切价值观的完全相对化，由此得出的结论是，所有的观点都是正确的，所有的伦理和道德判断都应该被视为同等的，无论对错，也不管它们是"真理"还是毫无意义。这种激进的文化相对主义正是当今的趋势，在许多国家受过教育的公众阶层中传播，而且构成了美国一些著名大学里文化研究的主要内容。举例来说，正是在这类观点的影响下，反达尔文主义才在美国得到支持，理由是，既然世界上不存在判断真理的普世标准，那么我们就应该赋予认为世界产生于六千年前的神创论和达尔文理论同样的合理性，因此我们应该以平等的态度在所有学校教授这两种理论。这种被歪曲的相对主义源于一种深层的误解。

　　认真对待和我们不同的观点并不是承认所有的观点都是同等的。认识到我们也会犯错，并不意味着分辨错误和正确的概念没有意义。我们应该明白，判断形成于复杂的文化环境中，而且和许多其他潜在的判断有着千丝万缕的联系，但这并不意味着我们不能理解自身的错误。

从更深层的角度来看，激进的文化相对主义的主要问题在于它自相矛盾。在这个世界上，脱离历史和文化的绝对真理并不存在。没有任何话语会独立于它的文化、价值和真理系统之外。我们总是处于一个文化系统内部。正是在这个系统内部，我们才能进行选择和判断。那些极力否认这些选择的意义的人，他们的出发点是什么？他们将自己置于文化之外，就是为了宣告脱离文化是不可能的吗？置身历史之外，就是为了证明脱离历史是不可能的吗？难道他们自己就没有表达过对价值或真理的判断吗？在他们看来，判断就只有相对价值吗？

这一切都是徒劳，我们永远处于某种文化之中，而且不可能从中脱离。在这一文化内部，在我们所处的思想结构之下，充满了各种判断。没有其他可能，因为思考其实就是判断。在生活中，我们无时无刻不在做出选择。独立于我们的话语环境之外的真理概念并不存在，也正是因为这样，我们只能处在一个系统内部，也不能没有真理概念。我们总是也只能思考和谈论这种概念，即使在我们想要否定它的时候。

另一方面，这并不意味着我们可以将我们的审美、伦理和真理标准看作绝对和普遍的，或者认为它们是最好的。其他文化、自然本身和我们思想的内部变化为我们带来了各种不同的标准，我们不应该只偏好自己定下的标准。为什么？

因为向其他语言世界开放，正是我们自身语言世界结构性的一方面。不同的文化不是一个个气泡，而是可以互相交流的船只。

文化可以不同，但是差异并不意味着无法沟通。沟通困难也并不代表无法在深层相互影响。必须属于某种文化并不表示无法和另一种文化交流。相反，与他者对话——无论对方是自然本身，还是另一种文化，抑或是向我们展示一长排雕像的古埃及大祭司——是人类交流的主要特点。文化间的差异不会安静地看着对方，它们相互影响、相互碰撞、相互挑战，也正是得益于这些交流，各种文化对真理的标准得以自我修正和被修正。文化相对主义无视不同文化间活跃的辩证关系，其实是一种脱离历史的愚蠢理论。

在不同文化间，观点存在差异，在一种文化内部，不同的组织或个人之间也存在意见的差异，这二者道理相通。就连我们自己脑海中也有各种各样的想法和观点，不同文化间的观点差异也是如此。当我们不确定时，我们会评估不同意见，然后再做出选择。人的思想不是由静止和孤立的文化板块构成的，而是在所有范围、所有层面上一种持续不断的文化融合，是与其他思想和被我们称为"现实"的外在世界的不断交锋。

诚然，我们可以暂时认为所有一切都是一样的，真相也不过是一场梦。这也挺好，让我们像佛陀一般拈花微笑，似乎已经参透一切。但是，如果我们选择继续生活在现实中，我们就不得不接受挑战，理解，然后做出选择。我们可以继续微笑，但这就意味着我们不能继续接受挑战，去理解，去选择。

我们相信自己对真理的判断，我们信任自己的道德伦理观念，我们基于自己的审美准则做出选择。我们这样做并非出于自愿或受到某种意识形态的影响，而只是因为判断和选择，与思考和生存一样，都是自然而然的行为。我们都在一个丰富、混杂、多样的思想系统中进行判断和选择，就连在同一种文化甚至我们自己的大脑中也是如此。这些判断不断发展、增加、相互碰撞、相互影响，并催生出其他判断。

在很长一段时间里，将少女献祭给神灵被看作一件神圣且正确的事情，而今天，这种举动被视为一种野蛮的行径。意识到观点的历史和文化差异并不能让我们免于选择。它只是让我们拥有更强的理解力和更开放的视野，从而更好地去评判我们必须判断的事物。

✜

我想从无数个例子中选一个来谈一谈，来说明在这一点上存在的混乱。这个例子正和本书要探讨的科学思想史有一定关系。

最近，我读了一篇很不错的文章，这篇文章对比了两种不同文明所采用的相似的测量方法。第一种是公元前3世纪埃拉托斯特尼采用的方法，他测量了不同纬度上的太阳高度，目的是计算出地球的大小。最后他得到的地球半径数值和我们今天在地理教科书上学到的十分相近。第二种方法来自中国，差不多和埃拉托斯特尼同一个时代，道理也基本相同，但是测量的对象却不同。在当时的中国，人们认为地球是平的，在这样的宇宙观之下，中国的天文学家们用这种方法来估算天空中太阳的高度。最后得出的结果表明太阳距离地球很近，只有几千公里，和实际数值相差太远（参考图18）。

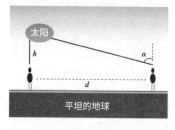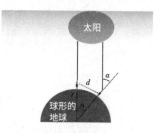

图18　太阳的高度随着纬度的变化而变化。右图是埃拉托斯特尼的阐释，太阳离我们很遥远，太阳高度不同是因为地球是球体。通过测量太阳高度的差别，我们可以很容易地推算出地球的半径（r）。左图是古代中国人的阐释，地球是平的，人们感觉太阳高度不同是因为观察者和太阳间的距离不同，我们可以测出地球到太阳的距离（h），但测量结果比太阳和地球的实际距离小得多。

这篇文章很有意思，让我们了解了两个相隔遥远的世界，地球上两种伟大文明之间的相似与不同之处。总的来说，我还是对文章中缺失的部分感到吃惊，因为文章没有任何一个部分对埃拉托斯特尼方法的正确性进行阐述，没有说明是他的方法让整个西方世界明白了地球正确的形状和体积。同样，虽然中国天文学家采用的是同一种方法，却进行了错误的理解和应用，正因为此，他们在关键问题上错上加错，从根本上阻碍了中国科学的发展，文章对这一点也没有进行说明。我有幸见到了这篇文章的作者，于是向她提了一个问题，问她如何理解这种差异。

但是她并没有理解我的问题，反而认为我的观点是错误的。因为在她看来，对于地球的形状或地球到太阳距离的认识的真理价值，我们只能在两种文明各自的真理体系内部进行判断。所以，在这种情况下，谈这两种方法的"正确"或"错误"是没有任何意义的。在我看来，她的看法揭示出她对基本问题存在很深的误解。诚然，真理的价值分别存在于不同文明的信仰体系内部，也正因如此，差异才存在，而且是极大的差异，就像之后的事实证明的那样。当西方天文学家了解到中国天文学家得出的成果时，他们会站在自身信仰体系的基础上，仅仅以微笑作为回应（因为他们明白中国天文学家对世界的认识存在错误）。在16世纪，传教士利玛窦给中国带去了希腊和欧洲天文学知识，当中国的天文学家们站在自身信仰体系的基础上，理解了西方的天文学成果之后，他们很快改变了对世界的看法，意识到西方对世界的认识是更加正确的。[1]这就是文章的作者用非科学的观点很难抓住的差异。从某种意义上看，这种差异揭示出埃拉

---

1 远在欧洲对远东地区进行殖民侵略之前。利玛窦逝于1610年。——作者注

托斯特尼对这种方法的理解和应用远比古代中国天文学家要"正确"。

不同的人类价值体系和信仰体系并非不可渗透。它们会相互交流，而且这场交流会决定哪方正确、哪方错误，就算不能立刻决定，也会随着时间推移得出结论。或者它们会就什么是"事实的真相"正面交锋，尽管"事实的真相"会在一个复杂的思想体系中被筛选和阐释出来，但这场交锋仍会巩固一方的立场，削弱另一方的立场。一些人相信地球是平的，因为他们的信仰体系就建立在这样的基础上，或许应该让他们解释一下为什么麦哲伦的船向西出发，最后却从东边回来。

这篇文章通过比较两种天文测量结果来研究两种影响深远的文明的相似和不同之处，却忽视了最重要的差异，即一方得出的结果正确，而另一方错误。这样的忽略并不能让我们更好地理解二者的相似和不同之处，反而让我们对这两种文明间存在的巨大差异视而不见。

在延续五千多年的人类文明中，中华文明曾经是其中最重要的一部分，今天的中国正慢慢回到它曾经占据的地位：地球上最强大的国家。我不知道它是否会成功，也不知道中国可能创造的未来文明是什么样子。除非遭遇巨大灾难，有一点我是可以确定的，那就是拥有这种文明的中国再也不会认为世界是图18的左图那样了。

✥

意识到阐释和对比的困难是一回事，拒绝对阐释和对比进行尝试又是完全不同的另一回事——这是从思想的开放走向思想的闭塞。人类文明之所以丰富多彩，不是因为各种文明之间的差异，而是因为不同文明之间非凡的交流能力。人类学家向我们讲述了一些"野蛮"文化的奇特之处，他们是如何了解到这一切的呢？

在上万年的文化隔离之后，美洲的印第安人和西班牙人学会了相互交流，而且几乎没有太大的交流困难。当然，其中一定有模棱两可和引起误会的地方，还有前哥伦布时期[1]的遗产。但是如果文化像人们常常宣称的那样无法相互渗透，那么西班牙人和印第安人是如何进行交流、开展贸易、繁衍后代、建立军事联盟和经济联盟、互相影响彼此的宗教信仰的呢？我认为这些印第安人曾经在一万多年的时间里远离一切亚欧大陆的影响，却在历史的这个节点上（哥伦布发现新大陆）和来自亚欧大陆的人建立了联系，这是令人惊异的。印加帝国和古代中国在国家的治理上十分相似。与我们在理解苏族人"伟大的神秘"[2]上的困难相比，这难道不更让人震惊吗？文化一直在相互交流、相互影响，它们不但交

---

1 前哥伦布时期指，在明显受到来自欧洲的文明影响前的美洲的全部历史和史前史。从字面上理解就是哥伦布于1492年第一次来到美洲大陆之前的美洲历史。

2 苏族人，北美印第安人中的一个民族；"伟大的神秘"，即Wakan-Tanka，他们用这个称呼来表示一种掌控万物的神秘力量。

换箭镞和炮弹，谢天谢地，它们还交换了各种价值准则、观点和知识，就像同一种文化内部的个人和团体所做的一样。

为了让地球上的文化财富更有价值，我们不应该禁止文化之间的交流，而要让文化进行融合。在交流中，各种知识和价值准则才能得到对比、判断和评价。

在尊重大洋洲土著人的自然和生态平衡，或是佛教面对生活的智慧等方面，我们还有很多要完善的地方。但是对于一些非洲部落对女孩进行割礼这样的行为，我们就不能以同样尊重的方式去对待。对于住在同一楼层的来自远方的邻居，我们要从心底尊重他们的文化，但这并不代表我们不能在这家的父亲殴打女儿时对他进行谴责。我们应该采取的态度正是我们对最尊重的同胞所采取的态度，在向他们学习的同时，也要在必要情况下对他们进行批评。问题的关键在于我们不应该先验地决定我们是拒绝还是接受这种差异，而应该用我们的理性去分析、对比，然后再做出决定。

✛

如今，文化融合的进程充满了生命力。我们都见证了一种共同文明的诞生，它由无数种文化构成，在不同国家的贡献下变得越来越丰富多彩。印度、中国、美国、法国、巴西的青年所接受的教育越来越相似，也更加丰富和多样。我们的孩子拥有对世界更加开阔的眼界，这是我们的父辈无法比拟的。但与此同时，这种交流也导致了对身份认同的抵制，相信每个人都了解这种抵制行为造成的灾难性影响。但是，只要人类这种愚蠢的行为不转化为分裂、冲突和战争，交流一定能为我们带来无限可能。

在欧洲进行殖民扩张的几个世纪中，西方世界滋生了一种严重的自傲情绪。直到1945年，英国、法国、意大利和德国仍然对世界的其他国家存在着非常明显的种族主义倾向。[1]值得庆幸的是，欧洲殖民活动的结束和西方世界明显的衰弱[2]已经大大削弱了这种愚蠢的优越感。

但也正是因为这种优越感变弱，西方世界又开始怀疑自身，质疑其理性的力量和人道主义价值了。从印度到中国，从美洲印第安人到大洋洲土著人，我们与其他文化的联系在不断加深，我们也因此更清楚地了解到其他价值和判断准则，同时，这一切也加剧了西方世界的焦虑。

在这段历史中存在许多混乱。总是骄傲自大地捍卫自我优越感，和认为我们应该不加批判地接受所有的真理和价值

---

1 我认为纳粹的反犹太种族主义（法西斯主义）是欧洲的丑闻，与战前欧洲盛行的种族主义很不一样，它恰恰是针对欧洲人的。德国对犹太人犯下的种族歧视罪行无疑是人类最大的耻辱之一。但是欧洲人仍然对众多其他种族犯下过罪行，其中不乏灭族的恶劣行径，这些行为与德国纳粹的行为一样罪恶。——作者注

2 今天，美国这个超级大国和英国这个前超级大国甚至不能成功将它们的意愿（就像之前的殖民大国所做的那样）强加到像伊拉克和阿富汗这样的小国之上。——作者注

准则,这两种做法同样愚蠢,对我们展开行动、进行对比和选择没有任何意义。问题的关键并非决定什么是最好的,而是从丰富多样的文化中吸取精华。通过展开交流和对话学到好的事物,同时也将自身的优点教给他人。

认识到其他文明的价值,从愚蠢的种族主义和优越感中走出来,这并不意味着否认西方文明为世界做出的基本贡献。如果今天的西方在向世界学习(正如世界的其他部分所做的那样),那么它同时也为世界带来了一份巨大的文化遗产。

希腊思想就是这份文化遗产的根基之一。

在西方的历史进程中,古希腊的众多文化成就曾是被赞颂的对象。在我的读者中,有一些人还记得他们热爱希腊文化的高中老师的高谈阔论。对古希腊的赞颂常常和欧洲人难以掩盖的优越感联系在一起。这种自傲的态度是非常愚蠢的(虽然米利都在亚洲,亚历山大在非洲,但这似乎也无法让欧洲人谦虚一些)。但谢天谢地,我们开始从这种高傲中走出来了。一部分欧洲人反对将古希腊文化占为己有,也反对这种扬扬得意的态度,但是他们的做法却带来了一种对古希腊文化成就整体的尴尬情绪,让人们在承认希腊文化给西方乃至整个世界带来的影响时显得非常迟疑。

法国人类学家莫里斯·戈德利耶(Maurice Godelier)曾在书中写道:"在希腊诞生的不是文明,而是西方世界。"我并不这样认为,西方世界并不诞生在希腊,它诞生在无数种文明的共同影响下，包括希腊、埃及、美索不达米亚、高卢、日耳曼、闪米特、阿拉伯……在希腊诞生的是某种共有的事物，就像第一个点燃火种的非洲人也带来了一些影响，但由此产生的并不是非洲文明，而是人类共有的遗产。古希腊留给人类的文化遗产在整个中东地区传播，给印度、欧洲都留下了意义非凡的影响。现代欧洲又重新生出了一些文化的嫩芽，加上各种独创的贡献，它们开花结果，在世界范围内传播并被继承。尽管这种传播是通过罪恶的殖民活动进行的，但是这并不能降低这些文化遗产的价值。而且令人吃惊的是，欧洲之外的国家似乎比欧洲人更明白这个事实。

我们的知识正是在各种文明的交流和融合中得到发展的，人类也在这个过程中展开了无止境的冒险。

✢

最后，接受其他观点可能比我们的观点要好，认为所有的观点都是相同的，对这两种态度的混淆又导致了另一种误解，它和前面提到的文化相对主义截然相反。

在这种误解的影响下，人们认为，能够保护所有价值免于失落的唯一方法，就是重新建立一种真理的绝对思想，这种思想是不容置疑的。现在，这个主张得到了很多人的极力拥护，特别是在一些拥有严格宗教等级制度的国家，比如伊朗和意大利。

　　这种主张认为，我们只有相信唯一和绝对的真理，才能够从"文化相对主义"中解放出来。因为在这种文化相对主义之下，所有的观点都是相同的，所有的价值都缺失了，我们无法再分辨真假对错。为了对抗这种失控的文化相对主义，我们必须捍卫我们已有真理的绝对可靠性。

　　很明显，提出这个主张的人认为的真理就成了绝对的真理。在伊朗，阿亚图拉[1]代表着真理，在意大利，真理就是梵蒂冈，其他类似的例子还有很多。

　　支持这种主张的人没有看到，在他所认为的真理的确定性和所有观点的相同性之间，存在第三条路，也就是讨论和批判。要接受批评，就需要虚心接受一种可能——今天看似正确的一切很可能明天就会被证明是错误的，通常人们会紧紧抓住他们确定的一切，因为他们害怕这一切是错误的。但是如果确定的事物无法接受质疑，那么它就不是真正可靠可信的。因此，经得起质疑，并且能在质疑中生存，这样的确定性才真正坚实可靠。

　　当然，为了能在这条路上前行，我们要对自己充满信心，相信自己足够理性，相信自己在寻求真理的路上足够诚实。在公元前6世纪的古希腊城邦，灿烂的人文主义思想就是人类这种自信的体现，它扎根于数个世纪以来繁荣发展的知识和文化中，也从根本上滋养了我们现在的世界。

1　伊斯兰教什叶派中一个较高的宗教等级。

　　但是，人类的这种自信并非一直都在，也存在着很多反对的声音：

　　　　倚靠人血肉的膀臂……
　　　　因他必像沙漠的杜松……
　　　　无人居住的碱地……

　　　　　　　　　　　　　　——《圣经·耶利米书》

　　这两种态度之间的冲突古已有之。对此的思考将引领我们开启这本书的最后部分。

没有神，我们能理解世界吗？

Can We Understand the World Without Gods?

如果你将这些真理深深刻在脑海里，

那么你就能看到从至高无上的主人那里

得到解放的自然，

它独立自主地做一切事情，

未受到任何神灵的干预，

也未接受任何神灵的帮助。

——卢克莱修[1]《物性论》

在这里我想谈一谈有关阿那克西曼德革命和科学思想诞生的最后一个方面，这是一个有些敏感的主题。因此在最后两章中，我只对此进行观察，并且提出问题。

我在第四章中提到过，在阿那克西曼德之前，所有文献都在用神的意志和行为来解读、构建、阐释这个世界。阿那

1　卢克莱修（Lucretius，约前99—约前55），罗马共和国末期的诗人和哲学家。

克西曼德创造了新事物，即对世界的全新解读，在他的这个世界中，雨不是来自宙斯，而是由太阳的热量和风带来的。宇宙不是神创造的，而是诞生于一团火球中。他解释这个世界，从宇宙的起源到一滴雨水的诞生，没有提及任何神灵。换句话说，雨的本质和宇宙的起源一样，都成了新的探索对象，他抛开神灵的影响，延伸出对各种自然现象间的关系的研究，尽管在阿那克西曼德之前，神灵是解释世界的唯一方式。

　　阿那克西曼德迈出了这一步，这也意味着他向宗教思想发起了挑战。我们已经了解到阿那克西曼德的自然主义阐释是很全面的，不但涉及天气现象，还包括了宇宙论、世界的地理结构和生命的本质。这种自然主义阐释严重地触犯了宗教思想的概念体系。宗教思想帮助人们理解世界的功能受到了质疑，对于解释这个世界，神灵是否必不可少？为了理解这个世界，我们是否需要上帝？

　　从我们目前掌握的材料来看，没有在有关阿那克西曼德的文献中找到任何明确批判宗教的内容。爱奥尼亚学派提出的问题不是批判宗教，也不是质疑宗教在人类社会中起到的作用。泰勒斯为找到一种几何定理[1]的证明方法而欣喜若狂，但他却曾经给宙斯献祭过一头公牛。爱奥尼亚学派真正

1　"如果 A、B、P 是圆周上的三点，且 AB 连线是该圆的直径，那么 $\angle APB$ 必然为直角。"——作者注

提出的问题是如何理解世界。也就是说，这个问题在提问方式上就已经完全排除了神的介入，直接面向人类对世界的认知。

从古到今，总有一些学者想要确定米利都学派中的宗教信仰形式。亚里士多德就在《灵魂论及其他》一书中做出假设，他提出"泰勒斯可能认为万物中都有神灵"。我并不觉得这是一个正确的观点，至少在它的直接表达上是有问题的，亚里士多德本人的表述带着一种不确定，因为他用了"可能"一词。在亚里士多德不计其数的研究中，最出众的并不是他对古代学者在文献方面的严谨研究。我还要指出，亚里士多德的这句话和他自己对爱奥尼亚学派哲学家的评价是矛盾的，他称他们为"物理学家"，因为他们从自然主义的原则——"物理"出发，对万事万物进行解释。

重要的不是泰勒斯和阿那克西曼德对神灵概念的理解，也不是他们对古代宗教世界的解读，而是他们全新的、具有革命性的解释世界的主张。因为这种主张完全由自然和物理的语言构成，完全抛弃了与神灵相关的一切，为此后的科学研究开辟了道路。

在这一点上，我们可以信任另一位专家——圣奥古斯丁。

他不认为所有的事物都来自一种本原，比如泰勒斯的水，他认为每一种事物都有它恰当的本原。这些本原的数量是无限的，从中又产生出无数个世界，万物又从这些世界中诞生。这些世界不断消解和再生，以保证能在一段可能的时期中存在。已经再没有必要将所有事物的任何活动都归结于神的智慧了。

——圣奥古斯丁《上帝之城》

圣奥古斯丁力图在所有哲学家身上寻找上帝的印记，甚至在异教徒身上寻找上帝的神迹。如果我们对泰勒斯和阿那克西曼德足够了解，就一定可以确定他们身上没有任何与宗教有关的共鸣。[1]

米利都学派的哲学思辨与在其之前的思想的文化相似度很高，而且经常被强调。举例来说，泰勒斯提出万物都是由水构成的，我们会由此想到巴比伦时期的宇宙观，甚至《圣经》《荷马史诗》中的宇宙观。从更普遍的角度来看，阿那克西曼德的宇宙结构还可以和赫西俄德的宇宙结构联系在一起：相同的议题，相同的发展结构，相似的过程……二者间存在着天然的联系。米利都学派的思想并非凭空产生，而是诞生于它所处的文化中。但是这些相似性并不能掩盖二者的

1　尼古拉·阿巴尼亚诺（Nicola Abbagnano，1901—1990，意大利哲学家）明确地表达了这个观点："一些现代批评家提出了关于这种哲学的神秘启示的观点，这种观点趋向于用拟人的角度看待这个物理宇宙……在苏格拉底之前的哲学家第一次意识到，将自然简化为一种客观性是对自然进行科学思考的首要条件，正好与认为人与自然间存在着宗教神秘主义联系的观点相反。"尼古拉·阿巴尼亚诺《哲学史》第一卷，第二章，第七节。——作者注

不同之处，这才是真正有趣的地方。哥白尼的文章和托勒密的文章很像，但始终存在本质上的不同……也正是这种不同让他的理论有了价值。泰勒斯和阿那克西曼德的宇宙论和前人的宇宙论之间最大、最明显的不同就是神灵的完全消失。没有《伊利亚特》里的众神之父俄刻阿诺斯，没有《埃努玛·埃利什》中的阿卜苏，也没有《圣经》中只用一句话就在水面上创造出光的上帝，万物的本原只有水。在此之后，关于世界能够自我发展的叙述替代了诸神的行为、争吵和斗争。

尽管神灵没有明确地被质疑，但是阿那克西曼德对世界的整体认知建立在一种完全忽略神灵的立场之上。[1]尽管他没有明确地批判宗教，但这种立场还是引发了与当时的统治思想之间的冲突，而这种统治思想的基础就是神灵。

这场冲突就此开始，不但持续了很长时间，还带来了一段痛苦的历史。

---

1 这是违背当时的历史潮流的，但是众多古代遗留的资料片段都提及阿那克西曼德对世界的解释，以及他理论中神灵的完全缺失，这让我们不由得想要问一问他："神灵呢？"我们可以想象罗马国家博物馆的浅浮雕上阿那克西曼德的那张脸，处于冥想中，柔和又忧郁，他拿着一张古老的埃及羊皮纸，安静地看着我们，然后突然笑了，用拉普拉斯答复拿破仑的那句著名的话回答了这个问题："陛下，我不需要那个假设。"——作者注

1　冲突

宗教神秘思想开始抵制新兴的自然主义，这种抵制不断加剧，很快演变成了战争。在西方文明的历史进程中，这场战争以各种形式进行，有极度残酷的部分，有时持续很久，有时又很短暂。

对异端的审判开始打击像阿那克西曼德和阿那克萨戈拉一样在研究中不考虑任何神的影响的学者。最初是流放，到苏格拉底时，就成了死刑。回想一下苏格拉底，他受到腐化青年、亵渎神灵的指控，被迫喝下毒堇汁而死。本书第四章阿里斯托芬的喜剧中已经提到过这个指控，在这一幕中，正是阿那克西曼德提出的一个问题引发了闹剧：雷是来自宙斯，还是风卷动云发出的声音？

从总体上看，古希腊世界和罗马帝国早期的多神论可能已经随着时间的推移受到了威胁，但是它和早期的自然主义思想也并非水火不容，至少比在它之后持续一千五百多年的一神论要好一些。

自然主义思想和宗教神秘主义思想的第一次激烈交锋出现在罗马帝国晚期，这时基督教逐渐占据统治地位。公元380年，罗马帝国皇帝狄奥多西一世将基督教定为国教。在公元391年和392年之间，他颁布了一系列诏书，统称为"狄奥多西诏书"，规定了一系列禁止其他宗教的政策。又回到了神权政治，就像埃及法老、巴比伦或迈锡尼国王统治时那样。一神教的强制推行采用了一种暴力的方式。延续着《圣经》中约西亚希伯来式的一神教传统，哲学学校被迫关闭，古老的知识中心被摧毁，城市中的异教神庙被破坏或被改建为基督教教堂。在阿拉伯半岛的佩特拉和阿雷奥波利、巴勒斯坦的加沙、腓尼基的赫里奥波里斯、叙利亚的阿帕米亚，尤其在亚历山大[1]，都曾发生过流血事件。

这一切开始于狄奥多西时代的一千年前，为了感谢古希腊雇佣兵解除了亚述帝国对古埃及的威胁，埃及法老允许来自米利都的商人在瑙克拉提斯开辟第一个通商口岸。在这里，印欧人见识了拥有上千年历史的古埃及文化、古埃及人自由和冒险的精神，这次思想文化上的相遇迸发出了神奇的火花。米利都留下的文化遗产传到了雅典，用智慧来认识世界的理想催生了柏拉图和亚里士多德的学派。亚历山大，亚里士多德这位年轻且激昂的学生，用同样的冲动征服了世界，用这种智慧照亮了地中海和中东地区。他建立了一座以

---

1 佩特拉、阿雷奥波利、加沙、赫里奥波里斯、阿帕米亚、亚历山大，均为古城。

他的名字命名的宏伟城邦，后来成为古代的知识文化中心。在这里，他的部将托勒密一世（Ptolemy Ⅰ）[1]成为古埃及第一个来自希腊的国王，他用高明的计谋将雅典的亚里士多德学院中的图书馆迁移过来，以创立这个古代科学最大的科研机构——亚历山大图书馆和博物馆。这座图书馆汇集了全世界的文献，每一艘在亚历山大港停靠的船只都要将船上所有的书籍献给亚历山大图书馆，当书籍被抄录之后，抄本会被归还。亚历山大博物馆是现代大学真正的原型，受城邦雇佣的知识分子们在这里传道授业，学生的来源也是多种多样的。

从欧几里得几何学到地球的体积，再到解剖学的基本概念、天文学的基本理论，我们今天在学校中学习的一半知识都来自这些机构。阿基米德（Archimedes）[2]正是在亚历山大求学的。也是在这里，科学家们总结出了天体运行的数学规律。

在罗马帝国前期，罗马这座城市勉强能和亚历山大比肩，但当基督教占据统治地位之后，情况就发生了变化。收藏着古代知识文献的亚历山大图书馆被基督教徒焚毁。[3]躲藏在阿波罗神庙中的异教徒被屠杀。公元415年，天文学

1 托勒密一世（前367—前283），埃及托勒密王朝创建者。

2 阿基米德（前287—前212），古希腊数学家、物理学家、天文学家、发明家。

3 并不是几个世纪后的欧麦尔（Umar，约591—644年，是伊斯兰教历史上的第二代哈里发）焚毁了亚历山大图书馆，这种观点据说是基督教世界编造的谎言。——作者注

家、物理学家、可能是星盘发明人的希帕提娅（Hypatia）[1]被狂热的基督教徒殴打至死。希帕提娅是席昂的女儿，席昂是亚历山大博物馆的最后一位研究员。在古希腊商人来到瑙克拉提斯一千年之后，基督教掌握权力，知识之火因此逐渐熄灭。真实情况可能远比这一切更加可怕，因为这些悲剧都来自基督教的描述，而且几乎所有关于异教的文献都在此后几十年里被焚毁。一神教的神是善妒的，在此后的数个世纪中，他不止一次攻击和毁灭了反对他的一切。

将基督教列为国教的罗马帝国进行的一系列反智暴力行为导致了严重的后果，在接下来的几个世纪里，理性知识的发展停滞不前。随着基督教在罗马帝国占据统治地位，古代大帝国的专制主义结构再一次复辟，这一次的规模更大、影响更深。公元前6世纪始于米利都的思想自由的光明时代也至此终结。

由阿那克西曼德的智慧和勇气开辟的古代思想只能被埋没在少量的手稿中，这些文献从基督教徒的狂怒中逃过一劫。一些印度、波斯和阿拉伯的智者用一颗尊敬的心对此进行研究，将这些珍贵的财富传承下去。但是，在哥白尼出现之前，没有任何一个人真正理解了阿那克西曼德留下的经验财富：如果你想要在知识的道路上一直走下去，就不要盲目

---

1 希帕提娅（约370—415），著名的女性哲学家、数学家、天文学家、占星学家以及教师，生活在古埃及的亚历山大。

崇拜老师，局限于研究和发展他的思想，你应该找到他的错误。

✛

从伽利略到达尔文，理性思想和现代科学也与宗教思想存在冲突，如果延伸到更广阔的领域，你甚至可以在法国大革命和俄国革命中发现这种冲突。这是一段漫长、血腥、痛苦的历史，在这里提到可能有些不合时宜，在这段时期，暴力以宗教的名义，或反宗教的名义让整个欧洲血流成河。

17世纪，欧洲人以上帝的名义相互屠杀，在经历了摧毁欧洲的可怕宗教战争之后，启蒙时代来临。启蒙运动反抗宗教权威，为欧洲带来了不同观点、不同信仰以及理性思想和宗教思想之间和平共存的可能性。

这种从启蒙时代延续到19世纪的和平共存之所以成为可能，是因为人们为宗教划定了界限，虽然有些模糊不清，但很有效果。宗教被限制在一些特殊的范围内，比如个人的精神生活。宗教的角色被限制在个人的存在问题的结构化（信仰）中，或者只是作为一种伦理和道德准则的参考，而这一切的前提是宗教在公共领域和私人领域的两种角色间的平衡。或者被限制在一些与社会现实相关的宗教仪式中，比如婚礼和葬礼。在认知领域，存在一些最普遍的问题（"为什么世界会存在？"），还有自然主义思想难以回应的问题（"什么是个人意识？"）等，宗教就被限制在作为这类问题的可能基础上。这种角色分化的西方模式随后被殖民活动带到世界各地，尽管接受的程度不同，但我们还是应用了这种模式。

但是宗教团体却不能接受这种对宗教影响范围的限制，比如意大利天主教教廷就通过一些政治活动对此表示过反对。原因很简单，这种角色划分违背了一神教的教义。在宗教观念下，一神教的教义就是真理最终的保障和一切事物的合理性的唯一基础，包括认知领域。今天，我们的文明正挣扎在对这种基础的不确定中。一方面，民主的妥协先验地认可所有观点的平等性；另一方面，尽管仍存在一些保留意见，但宗教思想接受与其他观点彼此尊重共存。但在罗马和利雅得，在华盛顿和德黑兰，宗教仍然以真理绝对的掌握者自居，不容怀疑。

✛

从理论角度看，在理性思想和宗教思想间寻求妥协，是许多基督教教士深入思考过的问题。从圣奥古斯丁到圣托马斯，他们所进行的思考也代表了基督教思想的发展，我们可以将其看作基督教思想在面对理性思想的挑战时所做的尝试，即将理性和宗教联系起来。

从现代科学的角度看，这些努力既是伟大的，又是悲剧和绝望的，就像尝试攀爬结冰的陡坡，就像寻找极其细微甚至未必存在的区别。

科学的诞生

有时候甚至是滑稽的。在《上帝之城》一书中，圣奥古斯丁小心谨慎地维护着宗教，他从各方面的细节入手，讨论了如下问题。无论我们身体的基质如何散落，在最后的复活中，每个人都能重新找回身体的每一块血肉。但是，如果一个残忍的人吃掉了另一个人，那么在复活时，血肉会回到被吃者的身体里，还是吃人者的身体里？[1] 圣奥古斯丁是一个无比智慧的人，如此智慧的一个人纠结于这种问题，着实让我觉得有些失落。

但是，面对知识和方法时，我们就会发现科学和宗教之间仍然存在着难以调和的矛盾。诚然，大部分古代和现代科学都可以在宗教的框架下正常发展，就像泰勒斯为宙斯献祭了一头公牛，牛顿在建立关于时空的新理论时直接提及了上帝。宗教理论可以和许多理性知识和平共存。解答麦克斯韦方程式和认为上帝创造世界，每个人都要接受最终审判，这二者之间似乎并不存在矛盾。

然而，科学和宗教的对抗交锋是潜在的，而且只会持续发生。这是无法避免的，原因有两个。首先是表面原因，对神的能力的认知和对科学的认知，这二者的边界一直处于

---

[1] 在经过复杂的思考讨论之后，圣奥古斯丁得出了答案，他认为血肉还是会回到被吃者的身体里，而不是吃人者。（如果我理解正确）这是因为吃人肉是一种罪行，死者的血肉会融入吃人者身体里，这是事实，但不是正当的。也正是因为如此，吃人者可以在生前得到死者的血肉，却无法在死后复活时得到他的血肉。——作者注

200

不断的争论中。但最主要的原因是宗教神秘主义思想建立在对绝对真理的完全接受之上，不容许任何置疑。但是，科学思想的本质却是对已知真理进行批判性的讨论。很明显，不管持续多长时间，宗教思想和科学思想之间任何形式的"休战"都是不稳定的。

一方面，我们要相信我们能够认识真理；另一方面，我们也要意识到我们的无知，要不断质疑已经确定的一切。宗教，尤其是一神教，很难接受改变和批判的思想。夏娃想要知道禁果的味道，因此偷摘了果子，但是上帝却要做唯一且不容置疑的神，这便成了人的原罪。

✢

今天，我们身处的世界文明有着万千面貌，但我们之中的大部分人仍然认为，如果要真正理解世界，就不能忽略诸神，或者唯一的神。而阿那克西曼德并不是其中之一。

这部分人甚至还认为神一直是现实的创造者、力量的拥有者、道德和法律的建立者。这些人会为一些决定和个人问题求助于神或"神的意志"，在许多国家，比如美国和伊朗，会用神的名义来对每个重要决定进行辩护，这个决定甚至可以是发动一场战争。美国的某些州甚至禁止在课堂上教授和生命进化相关的内容，因为这是对宗教认知的质疑。最近在意大利也出现了阻碍在课堂上教授进化论的例子。总之，在我们目前所处的文明中，大部分人认为科学思想是有用且理性的,但仍然将神(一神或诸神)看作知识最根本的基础。

但是,也有很多人认为与神相关的一切没有任何意义,在完全不考虑神的情况下,世界会变得更好、更容易理解,不应该通过神来解释力量的存在,道德和法律的基础也不必诉诸神灵。他们认为,一些国家以神的名义来为其重要决定进行辩护,这无疑是一种历史的倒退,根本不能让人们团结起来,这一切给我们带来的更多是战争,而非和平。

因此,在我们今天所处的文明当中,人们对宗教角色的认识存在着严重的分化。这种分化形成了像严守宗教戒律和激进的无神论那样极端的立场,还有无数处于中间地带的立场,正是多样的立场对一神或诸神,以及神在社会、个人和对世界的理解中正在和应当扮演的角色进行了有所保留的妥协和阐释。

换句话说,阿那克西曼德提出的问题仍未得到解决。公元前6世纪,他在完全不考虑神的情况下提出了关于理解世界的论题,这是非常激进的。这种主张有了众多追随者,它打开了通向哲学和科学知识之门,在此后的二十六个世纪里,哲学和科学以不同的节奏向前发展。这种主张是现代世界的根基之一,但它并不为所有人所接受。今天,许多现代人,甚至可能是大部分现代人已经"全副武装",想要推翻阿那克西曼德的中心论题。

一方面,从自然主义和科学理性的研究角度去理解世界已经取得了很大的成功，这是阿那克西曼德难以想象的。从最初的古希腊-亚历山大科学到后来的现代科学都吸纳了阿那克西曼德的思想，并对其进行延伸、完善和发展，不仅从多方面对现实进行了深入细致的理解，还收获了科学的副产品——与我们日常生活息息相关的现代科学技术。但是另一方面，阿那克西曼德想要与之拉开距离的思想（宗教神秘主义思想）仍然是这个世界上最普遍的思想。

阿那克西曼德的现实意义是完整的。他的主张引发的问题仍然未能解决，而且一直让我们的文明处于一种分裂状态，这个问题就是我们能否在不把世界和生命的起源归因于诸神的反复无常或上帝意志的情况下，理解世界和生命的存在，理解世间万物的复杂性。

第十一章

前科学思想

Prescientific Thought

那么，阿那克西曼德提出的在无关诸神的前提下理解世界的主张究竟是什么？

自然主义思想和宗教神秘主义思想之间的本质区别到底是什么？在不涉及神的情况下去理解自然，这是全新的观点吗？也就是说，为什么在阿那克西曼德之前，人们都通过神灵来解释世界？无法避而不谈的宗教神秘主义思想究竟是什么？诸神又是什么？

我认为这个问题太过复杂，超出了我的能力范围，甚至超出了我们目前的认知范围。但如果我们想要理解阿那克西曼德真正实现的一切，理解自然和科学思想，这又是最核心的问题。也正因如此，尽管只能触及皮毛，我仍然选择用一些篇幅来讨论这个问题。通常，我们对自然主义的定义是不完善的，比如自然主义是一种排除任何超自然因素来理解世界的体系，这种定义并未对超自然因素究竟是什么，特别是其无处不在的性质进行解释。如果我们不了解宗教神秘主义框架下的世界是什么样子，那么谈论排除宗教神秘主义解释之后我们对世界的理解，是没有太大意义的。

关于宗教神秘主义思想的历史，我们知道的并不多。在一些学者看来，人类的宗教活动——或者"仪式"活动——可以追溯到大约二十万年前[1]，即使没有那么早，也可以追溯到人类语言起源之时。另一种比较极端的意见则认为宗教活动出现在新石器革命[2]时期。但是根据我们掌握的从公元前6000年到阿那克西曼德时期的文献，以及20世纪关于"原始"文明的当代文化人类学研究，我们到今天才达成了一致的意见：宗教思想在我们研究的所有古代文化中都占据统治地位。

罗伊·拉帕波特（Roy Rappaport）[3]提出了一系列人类学论据，来证明各种形式下的神圣事物和神灵不仅是社会、法律和政治合理性的普遍基础，而且是世界观的一致性的基础。我们到处寻找解释，在表象世界与支撑、指导、证实着表象世界的另一个世界之间的关系中寻找解释。另一个世界表现为神明、灵魂、魔鬼、生活在神话时代甚至时间之外的祖先和英雄，也可以表现为能够被简化为宗教神秘主义母体

1　一些考古学家在瑞士发现了摆放成圆环状的熊的头骨，这被解读为某种仪式，可以追溯到维尔姆冰期。——作者注

2　公元前10000年左右在不同地区同时出现的社会模式改变现象，人类发明了农业和畜牧业，经济生活从依赖大自然转向依靠自己进行生产。

3　罗伊·拉帕波特（1926—1997），美国著名人类学家。

的"超自然"现象。宗教神秘主义思想是几千年来人类唯一能够掌握的思想形式。

因为宗教神秘主义思想有着普遍性和根深蒂固、现实且活跃的韧性，很明显，如果我们将这种古老的思想纳入简单的"迷信"或者"错误的信仰"体系中，就等于没有抓住重点，即宗教神秘主义思想的力量。这是一种什么力量？神明不是人类想象出的"创造物"，而是构成人类认知、社会和心理经验的重要元素。那么，阿那克西曼德的主张反对的究竟是什么？

在古代，由"诸神"或各种形式的神明构成的"另一个世界"是无处不在的，这种全在性的意义是什么，我认为如果我们要研究思想的本质和思想史，这是最重要的问题之一。然而到目前为止，我们还未能得出一个完善且具有说服力的答案。

1　宗教神秘主义思想的本质

　　很多人尝试回答这个问题，也给出了多种答案，其中大部分都至少抓住了这个复杂问题的某一方面。从伊壁鸠鲁（Epicurus）[1]到卢克莱修的时代，人们一直在寻找宗教的源头。宗教的源头可能是人类对死亡的恐惧（人人都会经历死亡），对无法控制和威胁世界的事物的恐惧，或者人类面对各种宏大的自然现象时既恐慌又崇拜的情绪，面对世界无法理解的方面或"无限"的概念产生的本能反应，又或者是带有假设和循环性质的个人"宗教自然修行"。

　　埃米尔·迪尔凯姆（Émile Durkheim）[2]对宗教的解读是较为经典的。在他看来，宗教的作用就是构建社会，宗教仪式是表现和加强社会团结的机制，也是集体的本质（"宗教就是对自身进行崇拜的社会"）。政治权力并不能利用宗

1　伊壁鸠鲁（前341—前270），古希腊哲学家，伊壁鸠鲁学派的创始人。

2　迪尔凯姆（1858—1917），又译涂尔干，法国著名社会学家，社会学的重要奠基者之一。

教权力，因为政治权力本身也是一种宗教权力。法老就是神明。

另一种著名的解读来自卡尔·马克思，在他看来，宗教对社会整体并没有作用，对统治阶层来说，宗教才是有用的，它只是统治阶层用来控制和压迫社会其他阶层的工具。

关于宗教起源和宗教在文明诞生中扮演的角色，学者们提出了各不相同的新理论假设。其中一些理论假设认为从宗教演化的研究角度出发，对某些团体和个人来说，宗教是一种具有竞争力的优势。还有一些假设则与之相反，认为宗教就是一种多余的偏误，只是其他人类功能衍生出的无用副产品。

尽管有些论据存在问题或争议，但它们仍然是很有意思的，有一部分还涉及了宗教思想的历史演变。在20世纪70年代，朱利安·杰恩斯（Julian Jaynes）[1]的著作《二分心智的崩塌：人类意识的起源》引起了广泛的讨论。杰恩斯不认为神灵起源于非常久远的时代，他提出神的概念诞生于新石器革命，距今大约一万年。人类族群刚开始形成以男性为主导的家庭单位，占据主导地位的男性可以直接命令族群内和他有着直接关系的家庭成员。这是人类和其他灵长类动物共有的社会模式。伴随新石器革命的发展、农业生产的进步、人口数量的增加和最早的人类聚落的形成，这些人类族群也

---

1 朱利安·杰恩斯（1920—1997），美国著名心理学家。

得以发展壮大，以至于作为领导的男性不再和族群的每一个成员都保持直接联系。在一些居民并非全都相互认识的聚落中，文明就是他们生活的方式。

在杰恩斯看来，避免族群分裂的方法就是将占据领导地位的男性的形象作为心力内投[1]的对象，作为领导的男性就算不在族群内，他传达命令的"声音"仍然能够被其他成员"听见"。甚至在他死后，臣民们还是会尊敬和听从他的"声音"，而且会尽力将他仍然会"讲话"的尸体保存更长的时间。于是这位领导人渐渐拥有了神一样的地位，他的尸体像神的塑像一样被放置在城市中心的广场上，受到人们的尊敬和爱戴。他曾居住的房屋成为供奉神像的地方，并逐渐演变为神庙，成为城市的中心[2]。在几千年的时间里，这一系统逐渐稳固，而且决定了古代文明的社会和心理结构。

1　一个人将他人或其他群体的态度、信仰、价值观或其他特点吸收进自己的思想和行为的过程。

2　根据考古发现，那些最古老的城市，其中心都是围绕一座主要的神庙而建，或者围绕立有神像的神庙形成的核心群落。在公元前7000年左右的杰里科（巴勒斯坦约旦河西岸的一座城市）就已经出现了这种结构。公元前5500年左右，在安纳托利亚的哈吉拉尔（位于土耳其西南部）和埃利都（美索不达米亚南部最早的城市），人们开始在泥砖筑成的地基平台上修建神庙，这就是金字形神塔的雏形。从这些原始的宗教遗址到如今的哥特式大教堂，这一发展过程有着惊人的连续性，在墨西哥、中国和印度发现的考古遗址都可以证明这一点。——作者注在这些文明中，神就是统治者、统治者的父亲或统治者的祖先。对过去的统治者来说，神明就是一直处于活跃状态的记忆。神的声音无处不在，古代的心理学正是通过神的声音来面对所有需要决策的情形，就像我们在《伊利亚特》中看到的那样。当时的人并不具备现代意义上的复杂自我意识，即一个进行自我对话的广阔空间，在其中我们可以看到我们的行动可能产生的后果。相反，他们会下意识地遵照一系列规则，这些规则反映出社会的行为准则，具体表现为神明的纯粹意志。因此，神明并不是人类"想象出来的创造物"，而是第一个具有社会属性的人的意志。

根据杰恩斯的观点，在公元前1000年左右，这种系统陷入了危机，许多巨大的政治和社会变革发生在这一时期，在大规模人口迁徙和商业发展的压力下，伴随着早期多民族大帝国的形成，这种系统逐渐崩塌。困惑不断滋长，动摇着不同人类族群，虽然荷马史诗中的英雄仍然能时常与神进行交流，摩西和汉穆拉比仍然能清楚地听到神的"声音"，但是这种声音已经越发遥远，最后消失殆尽，除了一些德尔斐神庙的祭司、穆罕默德和天主教圣人，再没有人能够听到神的"声音"。身处天堂的诸神正一天天地远离。人类被独自留在正在发生变革的世界中。杰恩斯对这段时期的描述是非常有意思的，让人不由得想起刻在泥板（图19）上的著名悲歌：

我的神抛弃了我，他消失了。

我的女神陪伴在我身边的时候越来越少，她远离了。

我的好天使没有走在我身边，他也走了……

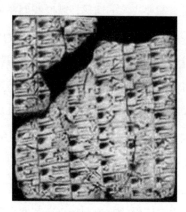

图19　楔形文字泥板《让我赞美智慧之主》
公元前1200年，尼尼微

　　杰恩斯认为现代意义上的自我意识是由此演化而来的一种方法，能让人们对抗"神灵"离开的孤独感，这种意识就是"自我对话"（自我的"内在叙事"）。在没有族群领导，也没有他的"声音"来告诉人们应该做什么的时候，这种自我意识就成了能够帮助人们有条理地做出复杂决定的工具。

　　在《世界的祛魅》一书中，马塞尔·格歇（Marcel Gauchet）[1]对杰恩斯的观点展开了非常经典的讨论，虽然他

──────────

1　马塞尔·格歇（1946—　），法国著名哲学家、历史学家，研究现代民主社会的名家。

是从完全不同的文化背景入手，但二者仍然产生了有趣的共鸣。格歇在这本书中描写了人类从宗教神秘思想中走出来的漫长历史，在他看来，宗教在过去代表着人类的整体布局，它规定了人类的物质、社会、精神——特别是——政治生活。人类生活的这些方面和宗教有着不可分割的联系。但是宗教的这个功能随着时间的流逝渐渐消失。宗教在对政治空间和宗教本身的构建中扮演的角色已经基本被现代国家所替代，宗教现在的功能已经变得破碎，差不多只局限在个人经验和信仰系统中。

在格歇提出的那些最有意思的论据中，有一个观点指出一神教并不是宗教思想发展后的"高级"状态，相反，它意味着古代宗教思想的中心地位、一致性正在缓慢瓦解。

一神教的诞生和大帝国的建立是分不开的。早期的大帝国将来自不同族群的人们聚集在一起，剥夺了（信奉各自神明的）原始社会族群和部落的权力，建立了一种远距离控制的强大中央集权。某一个神开始超越其他神明和宗教信仰对象。在古埃及，大约从埃及第四王朝[1]开始，太阳神拉开始成为最主要的神。在美索不达米亚地区，当巴比伦的权力得以集中时，马尔杜克就从诸神中脱颖而出，成为巴比伦的守护神。

1　约始于公元前2625年，历时110多年，古代埃及文明在这一时代达到空前的高度。

　　但是，想要让古老的多神教完全消亡也并非易事。为了让臣民只信奉一个神，一些君主进行了戏剧性的尝试，比如阿蒙霍特普四世[1]，后来改名为阿肯纳顿，奈费尔提蒂是他的王后。这位法老在王朝鼎盛时期规定臣民只能崇拜阿顿神[2]，却引发了一些拥有古老历史的宗教神职团体的激烈反对，在阿肯纳顿死后，多神教立即在古埃及重新兴起。在古代帝国进行的宗教改革中，罗马帝国宗教改革无疑是最广泛和最稳定的一次，等到这次改革，多神教才又一次转变成了一神教。

　　最后是一个处于几个大帝国边缘，或者更确切地说，在两个大帝国之间艰难求存的族群将这种压力变为一神教的历史机遇。在格歇看来，摩西的聪明之处就是他敢于颠覆诸神间的传统的力量对比关系，而这种对比反映的是诸神相对应的族群间的力量对比关系。在阿肯纳顿推行一神教的改革失败之时，以色列人可能已经来到埃及了。在此后不到一个世纪的时间里，摩西提出了"上帝"的存在，但这次一神概念的出现和王权并没有关系。尽管有着政治上的弱点，但"上帝"事实上成了摩西的子民用来进行反抗的强大武器。正是得益于这个武器，以色列人才先后从埃及和巴比伦的奴役中

1　即阿肯纳顿，古埃及第十八王朝法老，在位时间约为公元前1372年到公元前1354年，在位时曾进行宗教改革。

2　埃及神话中太阳神的光轮，最初是太阳神拉的神体，宗教改革时期上升为主神，阿肯纳顿死后主神地位被废止。

解放出来。"上帝"不再只是一个族群的神，他是一个远方的神，就像君主一样和臣民有着遥远的距离，他像君主一样统治管理着所有的子民，但他也像君主一样，并不会对所有的子民一视同仁。

尽管普世的神和被挑选的人这两个概念中存在着隐含的矛盾，但以色列人还是成了一神教的捍卫者。在期待救世主弥赛亚到来的过程中，这个矛盾得到了暂时的解决，以色列人等待着一个伟人的到来，他能够最终带领他们重建以色列国，恢复神至高无上的地位和他的子民拥有的权利。但历史并不是沿着这样的轨迹发展的。在地中海地区，众王国中完成这一漫长统一过程的国家是罗马，而不是以色列。

罗马帝国终结了古老的异教。这些异教几乎只存在于大帝国的偏僻之处，只有小部分人仍然聚集在他们所信奉的神周围，但是他们已经失去了合法性、权力、知识和身份。在罗马帝国，人们不再只满足于在自己的城邦出类拔萃，而要去罗马。族群混杂性赋予人们的强烈身份认同已经缺失了。

格歇认为，正是耶稣直面了这种新出现的动荡，同时解决了犹太人关于普世之神和被挑选的人之间的矛盾。他用更加惊人的方式，重复了摩西之前完成的令人惊叹的颠覆，即再一次将权力和宗教分开。耶稣和使徒保罗提出了"真神"三位一体的概念，神统治着世间万物，却采用了一种完全独立于王权的方式。通过这种方式，耶稣创造了一个平行宇宙（"我统治的并不是这个世界"），在这里，价值观念的等

级和权力的等级恰恰相反。在这里，神是很遥远的，但对每
个人来说又是可接近的，而且不需要考虑政治地位。于是，
一种全新的环境应运而生，即个人灵修的环境，圣奥古斯
丁对此进行了完美的探索和延伸。教会由此诞生，这是一
种和政治相似的结构，代替了政治为世界赋予意义的作
用。同时，一种独立于社会身份的个人身份认同的空间也
由此诞生。

但是，政治力量很快就填满了二者的间隙，并开始重新
吸纳其正当性的新来源：帝国开始基督教化，没有神的权力
别无选择，只能和没有权力的神相结合，再次给社会赋予神
权政治的基础，最后走向一神教。然而，在古老的社会–宗
教–身份体系中，断层已经出现，作为现代社会诞生基础的
个体精神的核心已经就位。

✛

最近关于宗教起源和本质的研究都强调了宗教和语言之
间紧密的相互依存关系，并且通过强调宗教在人类诞生中扮
演的基础角色，倾向于将宗教的起源推得更远。

在最近一项引人注意的研究中，当代著名人类学研究学
者罗伊·拉帕波特从仪式入手，分析了宗教狂热的核心，还
有文明或"人类"[1]自身得以发展壮大所围绕的活动。

1　"humanity"一词有三种含义：特殊的动物种类——人类，使人类这一物种
　区别于其他动物的总体特点，最后是伦理价值。——作者注

拉帕波特将仪式视为核心的关键点，社会的正当性的系统围绕它发展和展开，甚至人与人之间语言的可靠性也建基于此。每一个社会都是围绕仪式建立和聚集的。仪式活动在动物世界中就已经存在，而且具有社会交流的功能。对人类来说，语言也正是在这些仪式活动中逐渐形成的。在仪式过程中，一些基础的话语被多次重复，而且被完全剥夺了意义，拉帕波特称其为"终极神圣假设"（Ultimate Sacred Postulates）。

比如：

Credo in unum Deum

我信唯一的天主。

اشهد ان لآ الـه الا الله و ان محمد رسول الله

真主伟大，穆罕默德是他的使者。

שמע ישראל יהוה אלהינו יהוה אחד

以色列啊，你要听！耶和华我们上帝是独一的主。

在美洲纳瓦霍人的复杂仪式中，每一次祈祷都会出现这样的内容：

Sa'ah naaghaii bik'eh hozho

在成长的过程中，我们在美好与和谐中前进。

还有印度教、耆那教、佛教、锡克教和琐罗亚斯德教的神圣音节标记符号，它包含了世间万事万物：

唵

（我选取了最普遍的翻译，尽管我知道其中有一些翻译的意思只是刚好相近。）这些话语既无法被验证，又无法被篡改。严格来说，它们没有任何意义。但是这些话语不断在宗教仪式中被重复，从而确立了它们的价值，让它们成了神圣的枢轴，维系着构建世界结构和社会正当性的思想。

为了理解它们的意义，我们要认识到这些话语并不只是反映事实，更多的是创造事实。牧师说"我宣布你们结为夫妇"，法官说"判决生效"，教师委员会宣布"我为你授予博士学位"，议会通过一项法律条例，拿破仑在金字塔脚下鼓舞法国士兵，神父在周末做弥撒……这一切都没有描述事实，而是用话语来创造事实：结为夫妇、成为公民、成年、诚实守信、成为医生、成为老师、成名、成为法国总统、成为外国人、成为法国首都……只有得到授权的社会成员（他们又是通过谁得到授权的？）用特定的言语宣布之后，这一切才会成为事实。涉及法律、荣誉和体制等方面的一切都处在一个由话语创建的空间里。因为人们集体承认它的真实性和正当性，这个空间才会真正存在。

这种正当性的来源就是仪式，它的基础则是终极神圣假设。这些公设确立了一个神圣空间，并且让由此衍生出的一切都具有了正当性。参加仪式就是参与到这种正当性中，承认和进入由仪式衍生出的意义所形成的范围中，就算没有从精神上融入仪式传达出的信仰也没关系。我不会进到这栋房子中，因为这是你的房子；这之所以是你的房子，因为这是你从你丈夫那里继承来的；你丈夫之所以是你丈夫，是因为牧师宣布了你们的婚姻；牧师之所以是牧师，是因为教皇授予他这个职能；教皇之所以是教皇，是因为上帝选择了他；上帝之所以存在，是因为"我信唯一的天主"……"我信唯一的天主"是因为我在做弥撒时不断重复这句话。因此，归根究底，我不进这栋房子的原因是在每一次弥撒中，我和我的同胞定下了一种基础的约定。就算我在做弥撒时分了心，神父说的话我也一句都不信，但是我所融入的这个总体结构是不会改变的。

用法官代替神父，用议会代替教皇，用投票箱或去学校学习来代替弥撒，这一切也并不能让这个结构出现多大改变。通过不断重复各种仪式，人类更新了他们的社会契约，同时在某种行为中为他们对世界飘忽不定的思想打下基础。[1]

这几乎是对孔子思想的现代版重新解读，这位圣人也

---

1 有关印度思想的最古老文献之一是《广林奥义书》，这本书开头的几句话是：作为祭品的马头是清晨……作为祭品的马是整个世界……——作者注

用相似的方式提出了在仪式中形成的社会生活和道德生活基础，以及思想的和谐。

2　神明的不同功能

　　这些观点并不完善，只能让我们明白这个问题的复杂性和我们对这方面的无知。真相可能就藏在各种假设的组合中，或者在一段更加复杂的历史中，而我们却很难重建这段历史。

　　很明显，无论通过什么方式，宗教思想都与我们逻辑–精神世界的运转息息相关，尤其是当后者存在于某种社会背景中，或者在这种背景下进行自我表达的时候。

　　请不要忘记，人们大约在十万年前开始相互交流，但留下文字记载的历史却只有六千年。在这中间几万年的漫长时间里，人们互相说了些什么，他们经历过的思想观念结构是什么样的，他们的想法改变了多少次，我们得从头开始思考这一切，然而我们可能永远无法知道这些问题的答案。或者，也许有一天我们能从中发现一些可能让我们震惊的东西。

　　关键问题是我们不知道如何，也不知道为什么产生这样那样的想法。我们也不了解我们的思想和情感产生的复杂过程。我们的身体产生和表达这些思想和情感，它是一个极其复杂的有机体，我们的理解能力有局限，以至于我们很难真正明白其中的奥秘。而且，我们还过着群体生活，这个事实更加剧了这种复杂性。或许，我们的思想可以被看作社会层面上的各种进程在个人身上的反映。因此，可能并不是我们在思考，而是思想自己闪现在我们脑海中。我们问自己是如何思考我们所想的一切的，可能就像问一株水藻如何在它之下掀起浪涛一样。

我们称之为意识、自由意志、灵性、神性的一切也许只能代表我们的无知，因为我们对自身行为产生的原因及其复杂性，以及对我们思想的本质都缺乏认识。在我看来，巴鲁克·斯宾诺莎（Baruch Spinoza）[1]提出的观点似乎才是最可靠的罗盘，指引我们在思想的黑暗森林中前行。

我们已经学会揭示许多错误的观点，在阿那克西曼德之后的二十六个世纪里，我们学会了对确定的事物质疑，比如质疑宙斯带来雷电这个说法的可靠性。但我们仍然不知道我们的思想是如何运作的。当我们想要为自己的行为和思想

---

1 斯宾诺莎（1632—1677），荷兰唯物主义哲学家。他否定超自然的上帝的存在，认为宇宙中只有一种"实体"，即自然。这种实体以其自身而永存，既不能被创造，也不能被消灭，谓之神。人作为自然的一部分，相应地就有身体和心灵。人的身心变化也是由自然引起的，有原因可找，也服从自然的必然性。

找到一个确定的基础时，总是一无所获。我们甚至不知道我们是否真正需要这个基础。我们能做的只是求助于模糊和不确定的概念化。被我们视为不合理的事物就是一种代号，因为我们的认识是有限的，这些代号代表了我们无法理解的一切。

但是，这并不意味着我们不能或不应该相信我们的思想。我们的思想是最好的地图，能帮助我们在这个世界遨游，它也是我们唯一可以相信的东西。承认思想的局限性，并不意味着我们要转而相信某些具有更多局限性和不确定性的事物，这不是明智的选择。比如传统，它只是人类思想在某一个时期的集合，而在那段时间，我们远比现在更加无知。

在有据可考的最近几千年里，人类思想经历了缓慢的发展，现在它仍处在发展中。地中海沿岸、中国、印度、墨西哥和南美的古代多神论非常相似。多神教和社会族群的关系，以及它与政治权力间的一致性也是相似的。从原始多神教，到自然主义理性思想和民主确立给古希腊世界带来的改变，再到罗马帝国后期、中世纪和伊斯兰的神权政治一神论的复兴，这是一个漫长的过程，也是一场伟大的运动。

一场大规模的历史进程正在上演，我们置身其中，宗教在人类思想中扮演的角色也在不断变化。这是一场要用千年而不是世纪来衡量的演变，它带来了社会结构、政治、社会心理上的深层变革，同时也改变了人类自我认识和自我思考的方式。阿那克西曼德提出的自然主义观点则是一段更加壮阔的历史的序章。

让我们再回到起点，即爱奥尼亚学派提出的主张和宗教的具体关系，也正是始于这个起点，宗教的认知功能开始和其他功能区别开来。泰勒斯和阿那克西曼德并没有明确地质疑宗教，他们只是将关注点从诸神的故事中转移出来了，准备好了去抛弃所有确定性，其中也包括拉帕波特所谓的"终极神圣假设"。他们明白批判性地接受是我们必须承担的风险。我们的无知让我们无法看得更远，阻碍我们发现更多正确的事实。

但是，批判性认识并没有阻挡泰勒斯兴高采烈地把公牛献祭给神：我们能将宗教思想的不同功能拆分开来吗？能否让宗教实现其心理和社会功能，却又不会成为对知识的根本阻碍？是否可能给那些多个世纪以来都由宗教实现的功能开辟新的空间，让我们可以对某些古老的信仰进行质疑？

当然，现代宗教在这方面各不相同。从认为有必要明确世界存在了几千年（福音书认为是六千年）的福音书，到天主教教义，到基督教一位论派[1]的反教义，再到认为万物皆虚幻的佛教，对知识和智力的态度存在一个连续的光谱。甚至在每种宗教内部，各种改革也都在不断进行，一旦宗教真理明显失去意义时，它就会以一种更加抽象的方式被重新解

1　基督教派别之一，强调上帝只有一位，不像传统基督教那样相信上帝是三位一体（圣父、圣子和圣灵）的存在。

读。一个有胡子的神很快变成了一个没有具体面容，但保留着人的特征的神，然后变成一种精神上的存在，再后来则转变成一种只可意会、不可言传的事物……

虽然我不相信神会在我左右倾听我的声音，但这并没有阻碍我在清晨去海边散步，脚步应和着心中宁静的歌谣，也没有影响我对这个美好世界的感恩之心。倾听树木的低语，和它们对话，用手掌轻抚它们，感受它们无声的力量在流动。这一切与理性之间并不存在矛盾。树木没有灵魂，但这并不妨碍我将它当作朋友，也不会阻碍我和这样一位朋友畅谈，享受每一次深入的交流，抚慰它的伤痛。

其实，我们并不需要通过神来感受生命和世界的神圣。我们也不需要外界的肯定以证明自己的价值，因为我们会用一生来捍卫它。如果有一天我们能在物种进化的进程中找到我们对树木的爱和慷慨源于何处，那我们也会对我们的后代和同类付出更多的爱。如果美好和神秘的世间万物让我们忘记了呼吸，那就让我们保持这种惊异、感动和静谧吧。

只需要100微克D-麦角酸二乙胺[1]，我们就能以一种完全不同的方式看世界，不是更真实或更不真实，只是完全不同。我们的认知还太薄弱，以至于无法接受生活在神秘中。正是因为有这种异常深奥的神秘存在，我们才不能相信那些

1　一种致幻剂，仅很小的剂量就能造成摄入者6到12小时的感官、记忆和自我意识的强烈化与变化，可用作化学武器。

宣称掌握了奥秘的人。

　　接受不确定性和探索思考问题的新方式意味着新的风险。抛弃传统路径的文明也会将自己置于新的危险之中。如果地球因工业革命而升温，那么人类要面临相当大的风险。但是，传统的路径并不能使我们免于这些风险，相反，它会让这些风险变得更加难以控制。历史上存在过的伟大古代文明，如玛雅文明、古希腊文明，可能还要加上罗马帝国，这些文明的衰落甚至灭亡，可能都是源于它们自身造成的生态失衡。面对日渐恶化的环境，他们无法理解到底发生了什么，也没有尝试进行抵抗。智力并不一定能阻止灾难，但它是我们面对灾难的重要工具。

　　亨利·柏格森（Henri Bergson）[1]把宗教看作社会在被智力"消解"时进行的防卫。但是当我们被愚昧无知"消解"时，又有谁来解救我们呢？玛雅人信仰创世的蛇神库库尔坎，这种信仰拯救玛雅文明了吗？阿兹特克人信仰他们的太阳神维齐洛波奇特利，这种信仰拯救阿兹特克文明了吗？格雷戈里·贝特森（Gregory Bateson）[2]指出如果没有某些非理性形式的帮助，理性思想必定是有选择性的、片面的，无法理解事物的全貌。但是人类的所有活动都是如此，如果

1　亨利·柏格森（1859—1941），法国哲学家，现代非理性主义和"生命哲学"的代表人物。着重研究生命现象的意义和作用，认为认识世界不能用经验或理性的方法，只能用生命本身即直觉的方法。

2　格雷戈里·贝特森（1904—1980），英国人类学家、社会科学家。

以非理性的方式进行更是如此，我们只有承认这些限制，整合我们已知的一切，才能找到更正确的道路。

在现代社会，非理性主义的诱惑非常大，在此基础上，存在着一种普遍的误解，即认为理性的个体是自私的，只有抑制理性，人们才能认同集体共同目标，才能表现出社会性和慷慨。这其实是一个错误的观点。为什么自私的行为才是更加理性的？满足个人需求几乎是一种已经深深写入我们基因的追求，但慷慨和社会行为也写入了我们的基因。我们会因为收到一份礼物而开心不已，也会因为送出一份礼物而感到快乐，也许后者更让人满足。变得更加富有会让我们感觉幸福，但生活在没有贫困的世界我们会感觉更幸福。人类最根本的动机是自私和与他人敌对，这个假设是不合理的，它忽略了人类的复杂性。非理性冲动不会因为它的慷慨而熠熠生辉。它只是纯粹的非理性主义，一种对"集体精神"的纯粹表达，今天，许多人想用这种精神来捍卫文明，但正是它助长了纳粹思想20世纪30年代在德国的滋长。在中世纪，也正是出于拯救其灵魂的诚实愿望，成千上万的欧洲女性被当作女巫烧死。

三十个世纪以前，通过某条对我们而言仍然未知的道路，人类构建了一个以不容置疑的真理为基础的思想体系。为了捍卫这些真理，又在它们周围建立了一个由规则、禁忌、权力关系构成的复杂体系。

但现实在不断改变，在过去的数个世纪里，人类的政治结构、心理结构和概念结构有了彻底的改变。我们不再需要通过崇拜法老来为政治制度赋予合理性与合法性，正是得益于这些政治制度，我们才能自治。我们找到了其他途径。我们也不再需要用朱庇特[1]来解释下雨和打雷的现象。人类接受了不确定性，构建了我们生存的世界。这个世界是我们的先辈们的自由梦想的实现。未来也会在我们的自由梦想中诞生，但是，要构建未来必须让自己从现在解放出来。

也许就是阿那克西曼德踏出了摆脱陈旧思想结构的重要一步。我们不知道这一步会将我们带向何方。他真正的发现不是雨水的来源，而是我们会犯错并且我们经常犯错这样一个重要的事实。

这个世界比我们为了生存而构建的简单形象要复杂得多。我们的思想也一样。这两者之间的差别甚至仍旧是个谜。我们的感情、社会和心理的复杂性远比我们呈现出来的更复杂。我们必须在两个选项中择取其一，要么接受我们的认知中深刻的不确定性，信赖一种充满好奇、高效但缺乏坚实根基的思考方式，并且以这种方式继续理解，意识到我们的错误和天真，不断扩充我们的知识，让生命自由发展，更加丰盛；要么把自己封闭在空洞的确定性中，并围绕它构建余下的部分。我选择接受不确定性，因为正是它让我们更好地了解世界，它更值得信任，也更诚实、更认真、更美好。

1　即前文提到的宙斯，在古罗马神话中叫"朱庇特"。

古印度流传下来的最古老、最吸引人的文本之一，大概写于公元前1500年的《梨俱吠陀》中写道：

世界生于何处，又从何处来？

提婆[1]亦生于创世之后，

世间造化，谁知缘何出现？

无人知晓造化之源，

亦不知人是否由它所造。

它在天的最高处，洞察世事。

唯有它知道答案，抑或不知。

——《梨俱吠陀》

---

1 在梵语中表示神明、圣灵。

第 十 二 章

结语：阿那克西曼德的遗产

Conclusion: Anaximander's Heritage

我尝试从一个现代科学家的视角来评估阿那克西曼德的贡献所产生的影响，以及他留下的遗产，并反思他对科学思想的本质的看法。一个思想巨人的形象逐渐清晰，他的观点标志着一个伟大的历史转折。希腊人所说的"自然研究"（Περί φύσεων ίστορία）在他这里诞生，为之后的整个科学传统，包括文学奠定了基础。他开启了对自然世界的理性视角。这也是第一次，人的思想能够直接触及世间万物。

　　在此，我想引用丹尼尔·格雷厄姆的话："阿那克西曼德的研究在他的后继者手中成了一个有着无尽发展潜力的项目，而具有他这种精神的现代科学让人们对世界的认识有了有史以来最伟大的发展。在某种意义上，他的个人研究已经成为人类认识世界的伟大探索。"

　　他是第一位地理学家，第一位认为生命体会随着时间而改变的生物学家。他也是第一个研究天体运动并构建其几何模型的天文学家。他最先提出两个概念工具，它们后来成了科学活动的基础：第一，他提出自然规律的概念，它会通过必然性控制各种现象在时间中的发展；第二，他引入了假定新实体的理论术语，为了解释世界上的各种现象，这些实体是必不可少的。更重要的是，他是批判思想的源头，正是这种批判传统奠定了科学思想的基础：继续前人的道路，同时意识到前人的错误。

最后，他完成了科学史上的第一次概念大革命。世界地图第一次从根本上被重新绘制。在世界新形象的框架下，物体向下掉落这一普遍被信奉的观点受到质疑，空间不再由绝对的上和下构成，地球悬浮在空间中。在接下来的多个世纪里，正是人类对地球形象的探索和发现定义了整个西方世界，比如宇宙学的诞生、第一次科学大革命。也正是因为这些发现，人类才有可能完成科学革命。为了理解世界，我们必须承认我们对世界的认识可能是错误的，但我们可以重新描绘世界的形象。

这是科学思想的核心特征：我们最确定的事也可能被证明是错误的。科学思想是持续不断的探索，它总是从我们对世界的全新概念化中重新启程。知识诞生于对现有知识充满敬意的深刻反抗。这正是西方世界给人类文明带来的最丰厚的遗产，是它最主要的贡献。

这次反抗也是由泰勒斯和阿那克西曼德发起的一次挑战，它将人们对世界的理解从统治人类数千年的宗教神秘主义思想中解放出来。它认为人类可以在不依靠一神或诸神的情况下理解世界。对人类来说，这是一种全新的可能，在二十六个世纪后的今天，它仍然令这个悬浮星球上的大部分人感到畏惧。

阿那克西曼德开启的对世界的重新解读是一次全新的冒险。承认和接受我们的无知是这一冒险可怕又吸引人的一面，而这不只是通向知识的大道，也是最真实最美好的道路。随之而来的不确定性和空虚感并不会让生活变得没有意义，反而会让生活变得更加珍贵。

我们不知道这次冒险会将我们带向何方，但是作为对传统认知的批判性修正，科学思想打开了对信仰进行反抗的可能性，它能够探索世界的新形象并创造新的形象，这代表人类文明发展漫长历程中的一个伟大篇章。阿那克西曼德翻开了这一页，我们则沿着这条路前进，并好奇我们将去向何方。

图20 地球的确悬浮在空中

图片来源

图书在版编目（CIP）数据

科学的诞生 /（意) 卡洛·罗韦利著；张卫彤译. --
长沙：湖南科学技术出版社，2024.1
ISBN 978-7-5710-2646-2

Ⅰ. ①科… Ⅱ. ①卡… ②张… Ⅲ. ①物理学—普及
读物 Ⅳ. ①O4-49

中国国家版本馆CIP数据核字（2023）第243079号

Originally published in France as:
Anaximandre de Milet ou la naissance de la pensée scientifique, by Carlo ROVELLI
©DUNOD Editeur, Paris, 2015
Simplified Chinese language translation rights arranged through Divas International,
Paris 巴黎迪法国际版权代理（www.divas-books.com）

著作权合同登记号：图字18-2018-061

上架建议：畅销·科普

KEXUE DE DANSHENG
科学的诞生

著　　者：［意］卡洛·罗韦利
译　　者：张卫彤
出 版 人：潘晓山
责任编辑：刘　竞
监　　制：吴文娟
策划编辑：董　卉
特约编辑：李甜甜　罗雪莹
版权支持：王立萌
营销编辑：傅　丽
封面设计：利　锐
版式设计：索　迪
出版发行：湖南科学技术出版社
　　　　　（湖南省长沙市芙蓉中路416号　邮编：410008）
网　　址：www.hnstp.com
印　　刷：北京中科印刷有限公司
经　　销：新华书店
开　　本：875 mm×1230 mm　1/32
字　　数：160千字
印　　张：8　　插页：4
版　　次：2024年1月第1版
印　　次：2024年1月第1次印刷
书　　号：ISBN 978-7-5710-2646-2
定　　价：69.00元

若有质量问题，请致电质量监督电话：010-59096394
团购电话：010-59320018